安装工程计量与计价综合实务

主　编　郭喜庚
参　编　姚赛芳

北京理工大学出版社
BEIJING INSTITUTE OF TECHNOLOGY PRESS

内 容 提 要

本书按照项目化教学方法编写，涵盖当前主要工程量清单编制、招标控制价编制等内容，具有较强的指导性和实用性。本书主要内容包括建筑给水排水工程及建筑电气工程的工程量计算、编制工程量清单、编制招标控制价等。全书按照国家标准《通用安装工程工程量计算规范》（GB 50856—2013）、《广东省安装工程综合定额（2010）》及相关设计图纸等文件编写。

本书可作为高等院校土木工程类相关专业的教材，也可作为建筑类工程管理相关专业的教学、实训指导用书，还可作为从事建筑安装工程造价的工程技术管理人员的培训及参考用书。

图书在版编目（CIP）数据

安装工程计量与计价综合实务/郭喜庚主编. —北京：北京理工大学出版社，2017.9

ISBN 978-7-5682-4733-7

Ⅰ.①安… Ⅱ.①郭… Ⅲ.①建筑安装－工程造价－高等学校－教材 Ⅳ.①TU723.32

中国版本图书馆CIP数据核字(2017)第206731号

出版发行 / 北京理工大学出版社有限责任公司

社　　址 / 北京市海淀区中关村南大街5号

邮　　编 / 100081

电　　话 / (010)68914775(总编室)

(010)82562903(教材售后服务热线)

(010)68948351(其他图书服务热线)

网　　址 / http://www.bitpress.com.cn

经　　销 / 全国各地新华书店

印　　刷 / 北京紫瑞利印刷有限公司

开　　本 / 787毫米×1092毫米　1/16

印　　张 / 13.25

字　　数 / 318千字

版　　次 / 2017年9月第1版　2017年9月第1次印刷

定　　价 / 59.00元（含配套图纸）

责任编辑 / 李玉昌

文案编辑 / 瞿义勇

责任校对 / 周瑞红

责任印制 / 边心超

前言

随着进一步贯彻落实国务院做好住房和城乡建设各项工作战略决策，促进经济平稳较快增长，把扩大内需工作作为当前各项工作的首要任务，建筑业步入到一个空前繁荣的发展时期。建筑市场的繁荣，对于工程造价的控制需求越高，造价人才的培养越受到重视。安装工程计量与计价综合实训课程是结合企业对学生安装工程计价执业技能的要求以及学校对实训教学的需求而开设的。本课程实训内容从任务分析→工程识图→手工计算工程量→编制清单→编制招标控制价，完成对造价从业人员的一个整体实训。让学生从手工实训中掌握安装工程算量与计价的思路与原理，提升职业技能，提高工作效率。全书层次分明，条理清晰，结构合理，重点突出。

本书在编写过程中，按照教育部专业教学改革精神，以及学校在示范校建设过程中，为适应新形势下教学改革和课程改革需要，以项目化教学课程改革的成果为基础，对书稿进行了新的编排，充分考虑了对于能力的提高需求，为了更好地培养适应工程造价咨询行业需求的技术人才服务。本书具有如下特点：

（1）反映了当前教学改革和课程改革的主要方法和趋势，以案例为主导，教学任务设计采用项目化教学设计。

（2）尊重高等教育的特点和发展趋势，合理把握“以基础知识够用为度、注重专业技能培养”的编写原则。

（3）注重计算规则与时俱进，计算过程完全遵循国家最新执行的国家标准和规范。工程量计算规则以及清单编制的依据是《通用安装工程工程量清单计算规范》（GB 50856—2013），编制招标控制价的依据是《广东省安装工程综合定额（2010）》。

（4）内容安排上主要计算了民用建筑中的给水排水与电气照明工程，每一个项目都要求完成一次完整的计价过程：工程量计算→编制清单→编制招标控制价。

（5）本书不但给出了计价编制的方法，更主要的特点是给出了完整的计算过程，并对计算方法给出了注解。

本书由郭喜庚担任主编，姚赛芳参与了本书部分章节的编写工作。书中两个项目的工程量计算、清单编制、招标控制价编制均由郭喜庚完成，姚赛芳协助完成了图纸调整与输出。

本书编写过程中，编者查阅了大量公开或内部发行的技术资料和书刊，借用了其中一些图表及内容，在此向原作者致以衷心的感谢。

由于编者水平有限，加之时间仓促，书中难免存在缺漏和错误之处，敬请广大读者和专家批评指正。

编　者

目录

项目一

建筑给水排水工程计量与计价实训

能力目标

1. 能够熟练识读给水排水专业工程施工图。
2. 能够依据图纸手工计算给水排水专业工程量。
3. 能够根据清单规范编制工程量清单。
4. 能够根据已有的工程量清单编制给水排水工程招标控制价(投标报价)。

知识目标

1. 了解给水排水的系统原理。
2. 熟悉给水排水系统中的相关图例，掌握手工计算建筑给水排水工程工程量的方法。
3. 熟悉国家标准《通用安装工程工程量计算规范》(GB 50856—2013)，掌握给水排水工程量清单的编制步骤、内容。
4. 熟悉广东标准《广东省安装工程综合定额(2010)》，掌握利用定额编制给水排水工程招标控制价的方法。

知识要点

1. 遵守相关规范、定额和管理规定。
2. 具有严谨的工作作风、较强的责任心和科学的工作态度。
3. 具备良好的语言文字表达能力和沟通协调能力。
4. 爱岗敬业，严谨务实，团结协作，具有良好的职业操守。

一、工程概况

实训任务图纸为“广联达办公大厦”给水排水工程的计量与计价，为了计价方便，设定工程施工地点为广州市市区，建筑物用地概貌属于平缓场地，本建筑为二类多层办公建筑，总建筑面积为 4 745.6 m^2，地下一层，地上四层，建筑高度为 15.2 m。

二、实训任务和目标

(1)计算综合楼给水排水工程工程量。

(2)根据《通用安装工程工程量计算规范》(GB 50856—2013)(以下简称“计算规范”)编制“广联达办公大厦”给水排水工程的工程量清单。

(3)按照《广东省安装工程综合定额(2010)》编制“广联达办公大厦”给水排水工程的招标控制价。

三、手工计算给水排水工程工程量

(一)任务说明及解读

(1)按照所给“广联达办公大厦”给水排水施工图，完成本次实训的工作要求，计算工程图纸范围内给水排水管道、附件、卫生器具等给水排水工程所需的所有工程内容的工程量。

(2)工程图纸识读。读图过程通常先浏览图纸了解工程概况，然后再详细读图。本工程读图过程如下：首先，浏览图纸，粗略解读系统图、平面图，对工程层数、布局有大概了解。本工程是一幢地下一层、地上四层的办公建筑，地上各层分别有男女公共卫生间一个。本工程图纸简单，适合初学者作为一周实训图纸。其次，确定该工程的计算范围，对于给水排水工程，室内外管道费用不同，不能混杂在一起计算，必须分别列项。在考察计算范围时需注意，确定室内外管道的划分界线，本次所给“广联达办公大厦”图纸，只包括距离建筑最近的阀门井与检查井，根据室内外管道的划分界限说明①，本工程的计算范围，只有室内给水排水安装工程，虽然有引入管与排出管的计算，但其工程量仍然归为室内管道部分，本次计算任务并没有室外管道工程部分的内容。

(3)了解计算任务。开始计算之前还需仔细阅读设计说明，掌握给水排水管道各自所用管材、安装方式、施工工艺，了解管道安装完成后是否需要进行水压试验、消毒冲洗，考虑管道、管道支架等是否需要除锈、刷油防腐。通过认真读取设计说明，“广联达办公大厦”的给水管道采用热镀锌(衬塑)复合管，丝扣连接(即螺纹连接)；排水管道的立管采用螺旋塑料管，横支管采用 UPVC 管，均为粘接；压力排水管(即连接水泵的排水管)为机制铸铁排水管，承插水泥接口，雨水管 UPVC 管，粘接；管道均为明敷；给水管道需要进行水压试验、消毒冲洗；管道支架需要除锈、刷油防腐，给水排水管道中只有压力排水铸铁管需要除锈刷油。

(4)给水排水管道计算完成之后，按照管道支架布置间距、布置方式计算支架的工程量。支架的刷油防腐同支架安装的工程量。

(5)计算给水排水工程卫生器具、阀门及泵的工程量。

(6)工程量计算表重在条例清晰，应能清楚读懂计算过程。在给水排水工程中，一般以立管为系统计算管道的工程量。工程量计算完成，编制清单之前应该把项目特征一致的进行汇总，方便清单编制。工程量汇总表重在归类。

(二)工程量计算

根据前面分析的工程量计算范围，完成工程量计算表(表 1-1)。在工程量计算表中计算

① 给水管道室内外管道的分界线为：引入管设有阀门者以阀门为界，引入管不设阀门者以建筑物外墙皮 1.5 m 为界。排水管道室内外分界线以出户第一个排水检查井为界。

式要条理清晰，易读懂，满足多方对数的需要，忌讳长式而无注解。

表 1-1　工程量计算表

序号	项目名称	部位提要	单位	计算式	计算结果
一	给水管				
	引入管及干管				
1	钢塑复合管 *DN*70		m	3.25(引入干管)[①]＋(1.2＋2.8)(立管)＋(0.27＋0.7＋0.27)(2)(悬挑横道)	11.76
2	防水套管 *DN*125	穿外墙基础	个	1	1
	JL1				
3	钢塑复合管 *DN*50	立管	m	(4－2.8)(地下室)＋3.8(一层层高)＋0.6[②](第二层部分)	5.6
4	钢塑复合管 *DN*40		m	(7.6＋0.6)－(3.8＋0.6)	3.8
5	钢塑复合管 *DN*32		m	(11.4＋0.6)－(7.6＋0.6)	3.8
6	穿楼板套管 *DN*80/50		个	2	2
7	穿楼板套管 *DN*70/40		个	2	2
8	钢塑复合管 *DN*32	1～4 层卫生间水平管	m	(0.5＋0.25)[③](从 JL1 立管分支开始到第一个小便器三通止)×4(四层一样)	3
9	钢塑复合管 *DN*25		m	1.6(第一到第三小便器之间的长度)×4	6.4
	JL2				
10	钢塑复合管 *DN*50	立管	m	(4－2.8)(地下室)＋11.4＋0.6(第四层横管比楼板高出部分)	13.2
11	穿楼板钢套管 *DN*80/50		个	4	4
12	钢塑复合管 *DN*50	1～4 层男卫生间横管	m	(4.3＋0.15)[④](给水立管分支到坐式大便器都是 *DN*50)×4	17.8
13	钢塑复合管 *DN*32		m	0.81[⑤](坐式大便器到第一个洗脸盆)×4	3.24
14	钢塑复合管 *DN*25		m	[0.9(两个洗脸盆之间的距离)＋0.58(立管到拖把池)]×4	5.92
	JL3				

① 管道工程量计算。管道工程量以施工图示中心线，以延长米计算，不扣除阀门及管件所占长度。水平管道以平面图上尺寸计算。垂直管道按标高计算。水平管道在平面图上量取时，室外引入管应从阀门井中心开始量起。

② 水管规格的变径点一般设置在三通管件处。

③ 水平管道长度应从平面图上量取，应注意系统图是没有比例的，系统图管道长度不代表实际尺寸。

④ 管道变径一般是在三通位置处。卫生器具与管道的分界点：一般给水的分界点是给水水平管与盆具分支管的交接处，与排水管的分界点是盆具存水弯与排水管的交接处，所以伸入大便器内部的部分不用计算，其已经包括在大便器室外安装定额内，在计算 *DN*50 管道时只需计算干管。

⑤ 管道变径一般是在三通位置处，伸入卫生器具内的分支管不用计算。

续表

序号	项目名称	部位提要	单位	计算式	计算结果
15	钢塑复合管 *DN*50		m	(4－2.8)(地下室)＋11.4＋0.6(第四层横管比楼板高出部分)	13.2
16	穿楼板钢套管 *DN*80/50		个	4	4
17	钢塑复合管 *DN*50		m	4.3①(给水立管分支到坐式大便器都是 *DN*50)×4(四层)	17.2
18	钢塑复合管 *DN*32		m	(0.36＋0.25＋0.34)(坐式大便器到第一个洗脸盆)×4	3.8
19	钢塑复合管 *DN*25		m	[0.9(两个洗脸盆之间的距离)＋0.58(立管到拖把池)]×4	5.92
二	排水管				
	WL1				
20	螺旋塑料管 *De*110	立管②	m	15.2(0.0 到屋面)＋0.7(透气帽高出屋顶部分)＋4(地下室)＋1.2(排出管标高)＋3.24(水平排出管)③	24.34
21	防水套管 *DN*125		个	2(穿屋面，穿外墙基础)	2
22	穿楼板钢套管 *DN*125/100		个	4(1～4 楼地板，穿地下室地板不需要套管)	4
23	UPVC *De*50	男厕卫生间横支管	m	[2.25④(小便器排水水平管)＋0.52(小便器排水水平支管)⑤＋0.55(小便器器具排水管)⑥×3]×4(四层)	17.68
24	UPVC *De*110		m	[3.86(到坐式大便器的排水横管)＋0.55×4(大便器器具排水管)＋0.34(大便器排水横支管)⑦＋3.04(清扫口到排水立管)⑧]×4	37.76
25	UPVC *De*75		m	1.04(坐式大便器到洗脸盆距离)×4	4.16
26	UPVC *De*50		m	[1.37(洗脸盆到地漏排水横管)⑨＋0.55×3(地漏、洗脸盆器具排水管)]×4	12.08
27	UPVC *De*50		m	[0.75(拖把池排水横管)(量取直线，忽略斜三通)＋0.55]×4(拖把池)	5.2

① 管道变径一般是在三通位置处。卫生器具与管道的分界点：一般给水的分界点是给水水平管与盆具分支管的交接处，与排水管的分界点是盆具存水弯与排水管的交接处，所以伸入大便器内部的部分不用计算，其已经包括在大便器室外安装定额内，在计算 *DN*50 管道时只需计算干管。

② 系统图与平面图对照，本工程排水立管及排出管均为 *DN*100，计算方便。

③ 立管部分按照系统图中的标高计算，排出管水平部分在地下室平面图中量取。

④ 图中所示斜三通不用考虑，管件均计算在管道内，按照直管计算，量取长度即可。

⑤ 小便器使用的是S形存水弯，不包括水平尺寸，如要敷设水平部分的排水管道，需计算长度。

⑥ 器具排水管一般按照排水横管与楼板的高差计算，如果图纸没有标注排水横管的高度，器具排水管一般按0.5 m计算。洗脸盆、洗涤盆等的S形存水弯不单独计算工程量，存水弯安装已分别包括在洗脸盆、洗涤盆等相应的安装定额子目内。

⑦ 一般大便器排水横支管小于 0.3 时不需计算，因为P形存水弯的长度为 0.3 m，但大便器距离排水横管的距离大于 0.3 时，需按管道长度计算大便器排水横管长度，量取时忽略斜三通，直线量取即可。

⑧ 管道长度量取是以中心线长度为标准的，因此水平管量取，切记量取到排水立管中心。

⑨ 量到地漏中心。

续表

序号	项目名称	部位提要	单位	计算式	计算结果
	WL2				
28	螺旋塑料管 *De*110		m	15.2(0.0 到屋面)+0.7(透气帽高出屋顶部分)+4(地下室)+1.2(排出管标高)+3.24(水平排出管)	24.34
29	刚性防水套管 *DN*125	立管	个	2(穿面，穿外墙基础)	2
30	穿楼板钢套管 *DN*125/100		个	4(1～4 楼地板，穿地下室地板不需要套管)	4
31	UPVC *De*110		m	[3.86(到坐式大便器的排水横管)+0.55×4(大便器器具排水管)+0.34(大便器排水横支管)+2.68(清扫口到排水立管)]×4	36.32
32	UPVC *De*75	女厕卫生间横支管	m	1.04(坐式大便器到洗脸盆距离)×4	4.16
33	UPVC *De*50		m	[1.37(洗脸盆到地漏排水横管)+0.55×3(地漏、洗脸盆器具排水管)]×4	12.08
34	UPVC *De*50		m	[0.75(拖把池排水横管)+0.55]×4(拖把池)	5.2
三	压力排水管				
35	机制排水铸铁管		m	(4−1.2)(垂直管按地下室平面图所给标高)+(1.16+0.62+12.43)量取	17.01
36	铸铁除锈刷油[1]		m^2	3.14×0.118×17.01	6.30
37	刚性防水套管 *DN*125		个	1	1
四	给水附件				
38	闸阀 *DN*100[2]		个	1	1
39	止回阀 *DN*100		个	1	1
40	橡胶软接头 *DN*100[3]		个	1	1
41	水泵 50QW(WQ) 10−7−0.75		台	1	1
42	闸阀 *DN*70		个	1	1
43	截止阀 *DN*32		个	1×4	4

---

① 管道工程除锈刷油工程量，以“m^2”计算。公式为 πDL，切记这里的管道要用外径，查表 1-2，*DN*100 铸铁管所对应的外径为 118 mm。

表 1-2　铸铁排水管道外径与公称直径对照表

公称直径/mm	50	75	100	125	150	200	250	300
外径/mm	67	93	118	143	169	220	271	322

② 阀门以“个”计算，不同类型、不同规格的阀门应分别计算。阀门的规格大小根据安装阀门的管道规格确定，阀门的规格要和管道规格一致，否则无法安装。

③ 管道与设备相连，一般需要用橡胶软接头减震。

续表

序号	项目名称	部位提要	单位	计算式	计算结果
44	截止阀 *DN*50		个	2×4	8
五	卫生器具				
45	地漏 *De*50		个	2×4	8
46	洗脸盆①		套	2×2×4	16
47	蹲式大便器②		套	3×2×4	24
48	坐式大便器③		套	1×2×4	8
49	立式小便器④		套	3×4	12
50	拖把池		套	2×4	8
51	清扫口 *De*110		个	2×4	8

(三)工程量汇总

工程量计算完成后，为了方便编制清单需将项目特征一致的项目合并，计算工程量汇总表(表 1-3)。工程量汇总表中的数据来源于工程量计算表(表 1-1)。

表 1-3　工程量汇总表

序号	项目名称	单位	计算式	计算结果
1	钢塑复合管 *DN*70	m	11.76	11.76
2	钢塑复合管 *DN*50	m	5.6+13.2+17.8+13.2+17.2	67.00
3	钢塑复合管 *DN*40	m	3.8	3.80

---

① 洗脸盆以"套"计算，包括范围：一般与给水管的分界点是给水水平管与盆具分支管的交接处，与排水管的分界点是盆具存水弯与排水管的交接处，图 1-1 中虚线部分即为定额所包括的范围，可见洗脸盆的水龙头、角阀、存水弯均包括在洗脸盆的定额安装范围内，不需另行计算工程量。

② 蹲式大便器按照图 1-2 所示范围，大便器安装定额也包括了延时冲洗阀安装、存水弯安装，不需另行计算工程量。如果超出标准图集范围以外的，给水应以冲洗阀为划分点，排水以存水弯与管道连接处为划分点。对于手压阀冲洗和脚踏阀冲洗的大便器，手压阀门和脚踏阀门均作为大便器的未计价材料计算。

③ 图 1-3 所示坐式大便器安装范围包括角阀安装、水箱安装、存水弯安装，其已经包括的附件均不需另行计算工程量。

④ 图 1-4 所示挂斗式和立式小便器定额包括的安装范围，给水为小便器支管与给水管的交接处，排水为存水弯与排水管的交接处。

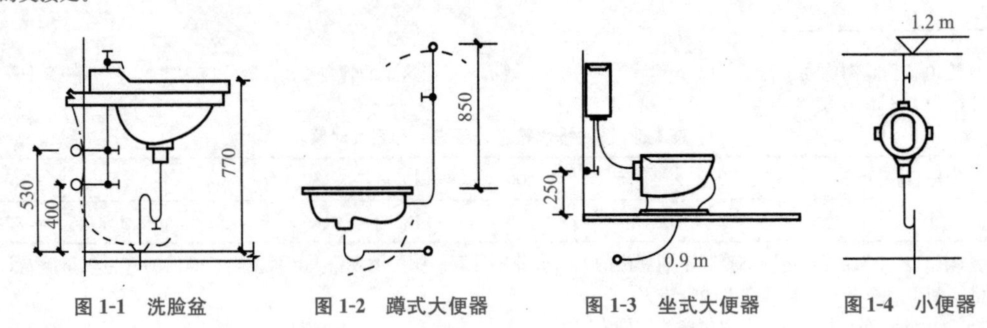

图 1-1　洗脸盆　　图 1-2　蹲式大便器　　图 1-3　坐式大便器　　图 1-4　小便器

续表

序号	项目名称	单位	计算式	计算结果
	给水管管道支架[①]	kg	(10+67+5)×1.2	98.40
4	钢塑复合管 *DN*32	m	3.8+3+3.24+3.8	13.84
5	钢塑复合管 *DN*25	m	6.4+5.92+5.92	18.24
6	UPVC 排水管 *De*110	m	37.76+36.32	74.08
7	螺旋塑料排水管 *De*110	m	24.34+24.34	48.68
8	UPVC 排水管 *De*75	m	4.16+4.16	8.32
9	UPVC 排水管 *De*50	m	17.68+12.08+5.2+12.08+5.2	52.24
	排水管道支架[②]	kg	(68+11+105)×1.78	327.52
10	管道支架制作安装	kg	98.4+327.52	425.92
11	管道支架除锈刷油[③]	kg		425.92
12	机制排水铸铁管	m	17.01	17.01
13	铸铁除锈刷油	m^2	6.30	6.30
14	刚性防水套管 *DN*125	个	1+2+2+1	6
15	穿楼板套管 *DN*80/50	个	2+4+4	10
16	穿楼板套管 *DN*70/40	个	2	2
17	穿楼板钢套管 *DN*125/100	个	4+4	8
18	闸阀 *DN*100	个	1	1
19	止回阀 *DN*100	个	1	1
20	橡胶软接头 *DN*100	个	1	1

① 管道支架以"kg"为单位计算其制作与安装工程量。一般在管道工程量计算汇总完成后，再根据表 1-4 考虑支架间距，以管道总长度计算各类支架的数量，计算每个支架的单个质量，再以"单个质量×数量"计算支架的工程量。给水钢管、钢塑管安装 *DN*32 及以下不计算支架(管道安装所需的托钩已经包括在相应定额内)，*DN*32 以上的给水管道需计算支架的工程量。给水管道支架主要是托架，按 1.2 kg/个计算。本例中，*DN*70 管道支架个数 11.76/1.2≈10 个；*DN*50 管道支架个数 67/1.0≈67 个；*DN*40 管道支架个数 3.8/0.9≈5 个。

表 1-4　塑料管或复合管道支架最大间距表(质量暂按 1.2 kg/个考虑)

公称直径 *DN*/mm		15	20	25	32	40	50	70	80	100
衬塑钢管	冷水	0.5	0.6	0.7	0.8	0.9	1.0	1.2	1.35	1.55
	热水	0.25	0.3	0.35	0.4	0.5	0.6	0.8		

② 排水立管安装所需的管卡已包括在管道的安装定额中，不需计算，但排水横管的支架需要计算。塑料排水的间距按表 1-5 计算。本例中，排水管道使用吊架悬吊在楼板下 0.55 的位置，吊架使用角钢∠30×30×3，理论质量为 1.373 kg/m，每个吊架质量为(0.55+0.2+0.55)×1.373=1.78 kg；*De*110 管道支架个数为 74.08/1.1≈68 个；*De*75 管道支架个数为 8.32/0.75≈11 个；*De*50 管道支架个数为 52.24/0.5≈105。

表 1-5　塑料排水管道支架最大间距

管道外径/mm	50	75	90	110	125	160
水平管	0.5	0.75	0.9	1.1	1.3	1.6
立管	1.2	1.5	2.0	2.0	2.0	2.0

③ 管道支架刷油，以"kg"为计量单位，即所有支架均需要刷油，安装支架的工程量就是要刷油的工程量。

续表

序号	项目名称	单位	计算式	计算结果
21	水泵 50QW(WQ) 10－7－0.75	台	1	1
22	闸阀 *DN*70	个	1	1
23	截止阀 *DN*32	个	4	4
24	截止阀 *DN*50	个	8	8
25	地漏 *De*50	个	8	8
26	洗脸盆	套	16	16
27	蹲式大便器	套	24	24
28	坐式大便器	套	8	8
29	立式小便器	套	12	12
30	拖把池	套	8	8
31	清扫口 *De*110	个	8	8

(四)任务总结

通过工程量计算过程掌握给水排水工程的工程量计算规则。

(1)管道以延长米计算，不扣除阀门、管件所占长度，计算表中的数据以电子图纸测量所得为准。如果是用尺子测量纸质图纸，应注意比例尺的比例与图纸比例相对应，如果不对应，请注意换算比例，如：图纸比例 1∶50，用比例尺 1∶100 测量出的工程量需除以 2。

(2)卫生器具以“套”为计量单位，需掌握各种卫生器具所包括的范围。

(3)管道穿墙、楼板时，应埋设钢制套管，以“个”为计量单位，阀门以“个”为计量单位。

四、工程量清单编制注意事项

工程量清单编制就是利用“计算规范”编制给水排水工程工程量清单，清单编制过程应注意，编制工程量清单不仅仅是编制分部分项工程量清单，而是要求编制清单规范整套表格。

(一)封面

(1)招标人要明确是业主，不是招标代理和造价咨询公司。

(2)签字盖章的地方应既要签字也要盖章，不能只盖章不签字。

(3)造价工程师及注册证号，《建设工程工程量清单计价监督管理办法》中要求工程量清单的封面应由编制单位的注册造价工程师或造价员签字盖章。

(二)填表须知

填表须知必须有，在填表须知中应明确要求工程量清单及其计价格式中的任何内容不得随意删除或涂改，在以往的投标文件中有的投标人由于对清单不是很熟悉，有修改工程量和改动计量单位。在正规文件里这是违规的。

（三）总说明

（1）工程概况。要写明工程名称、工程建设规模（建筑面积）、工程特征（层数、檐高）、施工现场条件、自然地理情况、抗震要求等。

（2）招标范围。一般说明是总包还是有部分分包或者分标段。如果有部分需要专业分包，要明确哪一部分；如果是分标段要明确各标段范围。

（3）编制依据。

1）《建设工程工程量清单计价规范》（GB 50500—2013）（以下简称“计价规范”）。

2）施工设计图纸及其说明、设计修改、变更通知等技术资料。

3）相关的设计、施工规范和标准。

（4）工程质量。要明确是合格还是优良，不要写如市样板、省世纪杯、国家鲁班奖这类的奖项。

（5）招标人自行采购的材料名称、规格型号和数量等。招标人自行采购的材料如果在招标阶段无法准确定价，应按暂估价列在其他项目清单中，注明材料数量、单价、合价，便于投标人将其计算到分部分项工程量清单的综合单价中，计取相关费用。

（6）预留金数额。

（7）其他需要说明的问题。

（8）投标人在投标时应按“计价规范”规定的统一格式，提供工程量清单计价表格（共11项，如果有特殊要求，如分部分项工程量清单综合单价计算表、措施项目单价计算表，也应注明）。

（四）分部分项工程工程量清单

（1）所有要求签字、盖章的地方，必须由规定的单位和人员签字、盖章。

（2）工程数量的有效位数应遵守下列规定：

以“吨”为单位，应保留三位小数，第四位四舍五入；

以“立方米”“平方米”“米”为单位，应保留小数点后两位数字，第三位四舍五入；

以“个”“项”等为单位，应取整数。

（3）项目特征的描述要和图纸一致，因为对工程项目特征的描述，是各项清单计算的依据，描述得详细、准确与否是直接影响投标报价的一个主要因素。如果图纸描述得不清楚，则应和设计单位沟通，免得漏项或者产生歧义，不要凭经验做法自己设计。

（4）清单出现“计算规范”中未包括的项目，编制人可做相应补充，在项目编码中以“补”字示之，注意要在分部分项工程的后面补充。

（5）关于土方运距问题。如果招标人指定弃土地点或取土地点及运距时，则在清单中给定运距；若招标文件规定由投标人自行确定弃土或取土地点及运距时，则不必在工程量清单中描述运距。

（五）措施项目清单

措施项目列项要尽可能周全，必须根据相关工程现行国家计量规范的规定编制。由于工程建设施工特点和承包人组织施工生产的施工装备水平、施工方案及施工管理水平的差异，同一工程由不同承包人组织施工采用的施工技术措施也不完全相同，因此，措施项目清单应根据拟建工程的实际情况列项。

(六)其他项目清单

预留金是主要考虑可能发生的工程量变更而预留的金额，此处提出的工程量变更主要指工程量清单漏项、有误引起工程量增加和施工中设计变更引起标准提高或工程量增加等，是工程造价的组成内容。预留金的使用量取决于设计深度、设计质量、工程设计的成熟程度，一般不会超过工程总造价的10%。

五、编制完整的工程量清单

参照“计算规范”编制“广联达办公大厦”给水排水工程工程量清单；研究施工现场情况及施工组织设计特点；熟悉施工图纸；根据业主方的要求编制工程量清单。工程量清单包括下列表格：

(1)工程量清单封面(表1-6)；

表1-6　工程量清单封面

广联达办公大厦给水排水安装　工程

工 程 量 清 单

招　标　人：(甲方单位名称)
(单位盖章)

造价咨询人：(乙方单位名称)
(单位资质专用章)

法定代表人
或其授权人：(甲方法人姓名)
(签字或盖章)

法定代表人
或其授权人：(乙方法人姓名)
(签字或盖章)

编　制　人：(人名)
(造价人员签字盖专用章)

复　核　人：(人名，不能与编制人相同)
(造价工程师签字盖专用章)

编制时间：　年　月　日

复核时间：　年　月　日

(2)填表须知(表 1-7)；

表 1-7　填表须知

(1)工程量清单及其计价格式中所有要求签字、盖章的地方，必须由规定的单位和人员签字、盖章。 (2)工程量清单及其计价格式中的任何内容不得随意删除或涂改。 (3)工程量清单计价格式中列明的所有需要填报的单价和合价，投标人均应填报(单价为“0”的，单价和合价均须填报为“0”，否则视为漏项)，未填报的单价和合价，视为此项费用已包括在工程量清单的其他单价和合价中。 (4)金额(价格)均应以人民币表示。 (5)工程量清单包括以下组成： 1)清单封面； 2)填表须知； 3)总说明； 4)分部分项工程量清单与计价表； 5)总价措施项目清单与计价表； 6)其他项目清单与计价汇总表； 7)计日工表； 8)规费、税金项目清单与计价表； 9)承包人提供主要材料和工程设备一览表。 (6)工程量清单计价格式报价表包括以下组成： 1)计价表封面； 2)招标控制价扉页； 3)总说明； 4)单位工程招标控制价汇总表； 5)分部分项工程量清单与计价表； 6)综合单价分析表； 7)总价措施项目清单与计价表； 8)其他项目清单与计价汇总表； 9)计日工表； 10)规费、税金项目清单与计价表； 11)承包人提供主要材料和工程设备一览表。

(3)总说明(表 1-8)；

表 1-8　总说明①

工程名称：广联达办公大厦给水排水安装　　　　第 1 页　共 1 页

(1)工程概况本工程为××市辖区内广联达办公大厦，建筑物用地概貌属于平缓场地，本建筑为二类多层办公建筑，总建筑面积为 4 745.6 m^2，地下一层，地上四层，建筑高度为 15.2 m。 (2)招标范围：施工图纸范围内的给水排水安装工程。 (3)工期：30 个日历天。 (4)编制依据：根据《通用安装工程工程量计算规范》(GB 50856—2013)编制建筑给水排水工程工程量清单；设计图纸、设计变更同为工程量清单编制依据。 (5)防洪工程维护费费率为 0.05%。 (6)本工程质量标准为优。 (7)预留金金额为 1 万元。

① 总说明不能空，一般必须填写五个方面：工程概况；工程招标和分包范围；工程量清单编制依据；工程质量、材料、施工等的特殊要求；其他需要说明的问题。

(4)分部分项工程量清单与计价表(表 1-9)；

表 1-9　分部分项工程量清单与计价表[①]

工程名称：广联达办公大厦给水排水安装工程　　　　第　页 共　页

序号	项目编码[②]	项目名称[③]	项目特征[④]	计量[⑤]单位	工程数量	金额/元	
						综合单价	合价
1	031001007001[⑥]	复合管[⑦]	1. 安装部位：室内 2. 介质：给水管道 3. 材质、规格：热镀锌(衬塑)复合管 *DN*70 4. 连接形式：螺纹连接 5. 压力试验及吹、洗设计要求：消毒、冲洗[⑧]	m	11.76		
2	031001007002[⑨]	复合管	1. 安装部位：室内 2. 介质：给水管道 3. 材质、规格：热镀锌(衬塑)复合管 *DN*50 4. 连接方式：螺纹连接 5. 压力试验及吹、洗设计要求：消毒、冲洗	m	67.00		
3	031001007003	复合管	1. 安装部位：室内 2. 介质：给水管道 3. 材质、规格：热镀锌(衬塑)复合管 *DN*40 4. 连接方式：螺纹连接 5. 压力试验及吹、洗设计要求：消毒、冲洗	m	3.8		

---

① 依据"计算规范"附录 K 给水排水、采暖、燃气工程部分编制。在清单编制过程中只列工程项目、特征、数量，不填金额，报价表才是根据清单填写单价、合价。

② 工程量清单表中每个项目有各自不同的编码，项目编码为 12 位数字，前 9 位按"计算规范"附录 K 中的项目相应编码设置，不得变动，编码中的后 3 位是具体的清单项目名称编码，由清单编制人根据实际情况设置。如同一规格、同一材质的项目，当其具有不同的特征时，应分别编制 001、002、003……此时项目的编码前 9 位相同，后 3 位不同。

③ 清单项目名称应按"规范"里规定的名称，不得变动项目名称。

④ 项目特征是用来描述清单项目的，通过对清单项目特征的描述，使清单项目名称清晰化、具体化，细化能够反映影响工程造价的主要因素。编制工程量清单就是站在业主的位置，是提要求的一方，把对施工的要求具体描述出来，比如需要什么特征的卫生器具，绝对不能不写特征。应该对照"计算规范"中特征栏要求描述的特征 1、2、3、4……对其一一进行描述。

⑤ 计量单位必须和规范一致。

⑥ 在"计算规范"里查到复合管对应的编码是 031001007，这个要照抄，然后补充 3 位，即从 001 开始补充。

⑦ 项目名称必须和"计算规范"保持一致，不允许添加任何前缀、后缀。相应的特征要求写在项目特征栏里。

⑧ 项目特征是对照"计算规范"里复合管的特征，本工程要发生的特征都必须进行描述。

⑨ 该 *DN*50 的钢塑复合管所对应的项目编码还是 031001007，但依据不能有重码的规定，后面补充的三位编为 002。

续表

序号	项目编码	项目名称	项目特征	计量单位	工程数量	金额/元	
						综合单价	合价
4	031001007004	复合管	1. 安装部位：室内 2. 介质：给水管道 3. 材质、规格：热镀锌(衬塑)复合管 *DN*32 4. 连接方式：螺纹连接 5. 压力试验及吹、洗设计要求：消毒、冲洗	m	10.84		
5	031001007005	复合管	1. 安装部位：室内 2. 介质：给水管道 3. 材质、规格：热镀锌(衬塑)复合管 *DN*25 4. 连接方式：螺纹连接 5. 压力试验及吹、洗设计要求：消毒、冲洗	m	18.24		
6	031001006001①	塑料管	1. 安装部位：室内 2. 介质：排水管道 3. 材质、规格：塑料管 UPVC *De*110 4. 连接形式：粘接	m	74.08		
7	031001006002	塑料管	1. 安装部位：室内 2. 介质：排水管道 3. 材质、规格：螺旋塑料管 *De*110 4. 连接形式：粘接	m	48.68		
8	031001006003	塑料管	1. 安装部位：室内 2. 介质：排水管道 3. 材质、规格：塑料管 UPVC *De*75 4. 连接形式：粘接	m	8.32		
9	031001006004	塑料管	1. 安装部位：室内 2. 介质：排水管道 3. 材质、规格：塑料管 UPVC *De*50 4. 连接形式：粘接	m	52.24		
10	031002001001	管道支架	材质：角钢∟30×30×3	kg	425.92		

① 查询并应用塑料管所对应的项目编码，编制方法和复合管编制方法相同，不同的塑料管依次按 001、002、003……编制项目编码。

续表

序号	项目编码	项目名称	项目特征	计量单位	工程数量	金额/元	
						综合单价	合价
11	031201003001①	金属结构刷油	1. 除锈等级：除轻锈 2. 油漆品种：樟丹防锈漆 3. 涂刷遍数、漆膜厚度：两遍，第一遍防锈漆应在安装时涂好，试压合格后再涂第二道防锈漆	kg	425.92		
12	031001005001	铸铁管	1. 安装部位：室内 2. 介质：压力排水管道 3. 材质、规格：机制排水铸铁管 *DN*100 4. 连接形式：W 承插水泥接口	m	17.01		
13	031201001001	管道刷油	1. 除锈级别：除轻锈 2. 油漆品种：沥青漆 3. 涂刷遍数、漆膜厚度：一布两油	m^2	6.30		
14	031002003001	套管	1. 名称：刚性防水套管 2. 材质：钢材 3. 规格：*DN*125	个	6		
15	031002003002	套管	1. 名称：穿楼板钢套管 2. 材质：钢材 3. 规格：*DN*80/50	个	10		
16	031002003003	套管	1. 名称：穿楼板钢套管 2. 材质：钢材 3. 规格：*DN*70/40	个	2		
17	031002003004	套管	1. 名称：穿楼板钢套管 2. 材质：钢材 3. 规格：*DN*125/100	个	8		
18	031003003001②	焊接法兰阀门	1. 类型：闸阀 2. 规格：Z45 W—10 *DN*100 3. 连接形式：法兰连接	个	1		
19	031003003002	焊接法兰阀门	1. 类型：止回阀 2. 规格：H44 W—10 *DN*100 3. 连接形式：法兰连接	个	1		

① 除锈、刷油漆、保温等项目应用“计算规范”附录 M 内的内容，该管道支架采用∟ 30×30×3 的角钢，支架刷油应使用金属结构刷油项目的项目编码。

② 闸阀的清单编制：在“计算规范”中是找不到闸阀的，“计算规范”中阀门只按安装方式来分类，这个阀门是 *DN*100，所以应该是法兰连接。一般图纸没有特别说明安装方式时，一般按照阀门规格＞*DN*75 时采用法兰连接，阀门规格≤*DN*75 时采用螺纹连接。

续表

序号	项目编码	项目名称	项目特征	计量单位	工程数量	金额/元	
						综合单价	合价
20	031003010001	软接头	1. 材质：橡胶软接头 2. 规格：*DN*100 3. 连接形式：法兰连接	个	1		
21	030109011001①	潜水泵	1. 名称：潜水排污泵 2. 型号：50 QW(WQ)10－7－0.75	台	1		
22	031003001001②	螺纹阀门	1. 类型：闸阀 2. 规格：Z15 W－10 *DN*70 3. 连接形式：螺纹连接	个	1		
23	031003001002	螺纹阀门	1. 类型：截止阀 2. 规格：J11 T－1.6 *DN*50 3. 连接形式：螺纹连接	个	8		
24	031003001003	螺纹阀门	1. 类型：截止阀 2. 规格：J11 T－1.6 *DN*32 3. 连接形式：螺纹连接	个	4		
25	031004014001③	给水排水附(配)件	1. 材质：塑料 2. 型号、规格：地漏 *De*50	个	8		
26	031004003001	洗脸盆④	1. 材质：陶瓷 2. 规格、类型：节水型洗脸盆 3. 附件名称：红外感应水龙头	套	16		
27	031004006001	大便器	1. 材质：陶瓷 2. 规格、类型：脚踏式蹲便器 3. 附件名称：手压延时阀	套	24		
28	031004006002	大便器	1. 材质：陶瓷 2. 规格、类型：坐便器 3. 附件名称：6 L 低水箱	套	8		
29	031004007001	小便器	1. 材质：陶瓷 2. 规格、类型：立式小便斗 3. 附件名称：红外感应水龙头	套	12		

---

① 水泵安装在“计算规范”附录 A 设备安装里查询项目编码、项目名称，利用潜水泵项目是因为设计图纸给的型号是潜水泵的型号规格。

② 这个闸阀规格为 *DN*70，按照安装方式是螺纹连接，所以应该用螺纹连接的项目名称。

③ “计算规范”里给水排水附(配)件是指独立安装的水嘴、地漏、地面扫出口，所以地漏应该用给水排水附(配)件的项目编码。

④ 洗脸盆等卫生器具的项目特征描述，应按“计算规范”里特征指引尽量具体，在设计说明、图例里查寻其项目特征，表述仍不完整的，按照自己作为业主方的原则，描述需要安装的卫生器具的特征。

续表

序号	项目编码	项目名称	项目特征	计量单位	工程数量	金额/元	
						综合单价	合价
30	031004004001	洗涤盆	1. 材质：陶瓷 2. 规格、类型：拖布池	套	8		
31	031004014002	给水排水附[1](配)件	1. 材质：塑料 2. 型号、规格：清扫口　*De*110	个	8		
		本页小计					
		合计					

(5)总价措施项目清单与计价表(表1-10)；

表1-10　总价措施项目清单与计价表[2]

工程名称：广联达办公大厦给水排水安装工程　　　　第　页　共　页

序号	项目编码	项目名称	计算基础	费率/%	金额/元	调整费率/%	调整后金额/元	备注
1	031302001001	安全文明施工费	分部分项人工费	26.57				
2	031302007001	夜间施工费	分部分项人工费					
3	031301017001	二次搬运费	分部分项人工费					
4	031302005001	冬期、雨期施工增加费	分部分项人工费					
5	031302006001	已完工程及设备保护	分部分项人工费					
6	粤0313009001	文明工地增加费	分部分项人工费					
		合　计						
注：本表适用于以“项”计价的措施项目。								

(6)其他项目清单与计价汇总表(表1-11)；

表1-11　其他项目清单与计价汇总表

工程名称：广联达办公大厦给水排水安装工程　　　　第　页　共　页

序号	项目名称	金额/元	结算金额/元	备注
1	暂列金额[3]	10 000		
2	暂估价[4]			

① 清扫口等同于地面扫除口，因此套用给水排水附(配)件的项目名称与编码。

② 措施项目清单的编制应考虑多种因素，编制时力求全面。除工程本身因素外，还涉及水文、气象、环境、安全和施工企业的实际情况等所需的措施项目。

③ 暂列金额：招标人在工程量清单中暂定并包括在合同价款中的一笔款项。用于施工合同签订时尚未确定或者不可预见的所需材料、设备、服务的采购，施工中可能发生的工程变更、合同约定调整因素出现时的工程价款调整以及发生的索赔、现场签证确认等的费用。暂列金额由招标人根据工程特点，按有关计价规定进行估算确定，一般以分部分项工程量清单费的10%～15%为参考。本项目在前面总说明里已经说明暂列金额为1万元。

④ 暂估价：暂估价是指招标阶段直至签订合同协议时，招标人在招标文件中提供的用于支付必然要发生但暂时不能确定价格的材料以及需另行发包的专业工程所需的费用。

续表

序号	项目名称	金额/元	结算金额/元	备注
2.1	材料暂估价		—	
2.2	专业工程暂估价			
3	计日工①			
4	总承包服务费			
5	索赔与现场签证			
合　计				
注：材料暂估单价进入清单项目综合单价，此处不汇总。				

(7)计日工表(表1-12)；

表1-12　计日工表②

工程名称：广联达办公大厦给水排水安装工程　　　　第　页共　页

编号	项目名称	单位	暂定数量	实际数量	综合单价/元	合价/元	
						暂定	实际
一	人工						
1	油漆工	工日	12				
2	搬运工	工日	10				
3							
人工小计							
二	材　料						
1	镀锌圆钢 Φ10	kg	80				
2	镀锌钢管 $DN50$	m	100				
3							
材料小计							
三	施工机械						
1	切管套丝机	台班	5				
2							
施工机械小计							
四、企业管理费和利润							
合　计							
注：此表项目名称、数量由招标人填写，编制招标控制价时，单价由招标人按有关计价规定确定；投标时，单价由投标人自助报价，计入投标总价中。							

① 计日工俗称“点工”，在施工过程中，完成发包人提出的工程合同范围以外的零星项目或工作，按合同中约定的综合单价计价。

② 当工程量清单所列各项均没有包括，而这种例外的附加工作出现的可能性又很大，并且这种例外的附加工作的工程量很难估计时，用计日工明细表的方法来处理这种例外。

(8)规费、税金项目清单与计价表(表 1-13)；

表 1-13　规费、税金项目清单与计价表

工程名称：广联达办公大厦给水排水安装工程　　　　第　页　共　页

序号	项目名称	计算基础	计算基数	费率/%	金额/元
1	规费				
1.1	工程排污费	分部分项工程费＋措施项目费＋其他项目费		0.1	
1.2	社会保险费	分部分项工程费＋措施项目费＋其他项目费		29.14	
1.3	住房公积金	分部分项工程费＋措施项目费＋其他项目费		1.59	
1.4	危险作业意外伤害保险	分部分项工程费＋措施项目费＋其他项目费		0.10	
2	税金(含防洪工程维护费)	分部分项工程费＋措施项目费＋其他项目费＋规费		3.527	
合　计					

(9)承包人提供主要材料和工程设备一览表(表 1-14)。

表 1-14　承包人提供主要材料和工程设备一览表

工程名称：广州市广联达办公大厦给水排水安装工程　　　　第　页　共　页

序号	名称、规格、型号	单位	数量	风险系数/%	基准单价/元	投标单价/元	单价/元	备注
1	钢塑复合管 *DN*70	m	11.76					
2	钢塑复合管 *DN*50	m	67.00					
3	钢塑复合管 *DN*40	m	3.8					
4	钢塑复合管 *DN*32	m	13.84					
5	钢塑复合管 *DN*25	m	18.24					
6	UPVC 排水管 *De*110	m	74.08					
7	螺旋塑料排水管 *De*110	m	48.68					
8	UPVC 排水管 *De*75	m	8.32					
9	UPVC 排水管 *De*50	m	52.24					
10	机制排水铸铁管	m	17.01					
11	闸阀 Z45 W−10 *DN*100	个	1					
12	止回阀 H44 W−10 *DN*100	个	1					
13	橡胶软接头 *DN*100	个	1					

续表

序号	名称、规格、型号	单位	数量	风险系数/%	基准单价/元	投标单价/元	单价/元	备注
14	水泵 50 QW(WQ) 10—7—0.75	个	1					
15	闸阀 Z15 W—10 *DN*70	台	1					
16	截止阀 J11 T—1.6 *DN*50	个	8					
17	截止阀 J11 T—1.6 *DN*32	个	4					
18	UVPC 地漏 *De*50	个	8					
19	普通冷水嘴洗脸盆	套	16					
20	陶瓷蹲式大便器	套	24					
21	陶瓷坐式大便器	套	8					
22	陶瓷立式小便器	套	12					
23	陶瓷洗涤盆	套	8					
24	UVPC 清扫口 *De*110	个	8					

六、编制工程量清单计价表的步骤

(1)报价文件编制的依据准备齐全(包括施工图、施工组织设计、工程量清单文件、使用的定额、市场询价文件等)。

(2)熟悉施工组织设计和所要使用的定额。尤其是对定额的项目划分、子目工作内容、计算规则等与工程量清单的规定进行比较(注：此项工作是为防止漏项打基础)。

(3)根据以上文件和依据，计算工程的计价工程量，即定额实际工程量(注意与清单量的区别)。

(4)编制计价工程量时要注意：

1)同一项目名称的分项工程，清单规则里包括的工作项目往往是多个定额项目的综合，要注意结合定额的项目划分和施工组织设计，将项目列全，防止漏算项目。

2)在罗列分项工程的计价工程量项目时，要注意定额子目中的工作内容，防止漏项。

3)计价工程量的计算是依据所使用的定额计算规则，所使用的定额不同，某些分项工程的计算规则可能会有一些不同。

(5)编制综合单价分析表，确定综合单价。过程如下：

1)选定定额用来确定各分项工程工程量的工料机消耗量。

2)市场询价或参考各省市发布的工料机造价指数，用来确定工料机单价。

3)根据市场和企业自身情况，确定管理费和利润风险费率，以及计算基础。

4)根据各分项工程的计价工程量，在定额中找出对应的子目，套用算出相应的工料机消耗量，结合市场价格算出各分项工程的工料机价格(不要漏项)。

5)编写综合单价分析表，算出各分项工程的综合单价。

(6)填写分部分项工程量清单计价表，汇总分部分项工程费用。

七、编制完整招标控制价

编制依据为“计算规范”、给水排水工程工程量清单、《广东省安装工程综合定额(2010)》，根据广东省建设工程造价管理总站公布的相关资料，2016 年第四季度人工费为 110 元/工人，辅材价差为 20%，机械价差为 30%，利润为 18%，未计价材料价格按市场价确定。

招标控制价编制包括：

(1)招标控制价封面(表 1-15)；

表 1-15 招标控制价封面

<table>
<tr><td>

广联达办公大厦给水排水安装工程　　工程

招 标 控 制 价

招　标　人：（甲方单位名称）
（单位公章）

造价咨询人：（某委托造价咨询公司）
（单位公章）

年　月　日

</td></tr>
</table>

(2)招标控制价扉页(表 1-16)；

表 1-16 招标控制价扉页

招 标 控 制 价

投标总价(小写)：106 483.37 元

(大写)：拾万陆仟肆佰捌拾叁圆叁角柒分

招　标　人：甲方单位名称(同清单单位)
(单位盖章)

造价咨询人：乙方单位名称(同清单单位)
(单位资质专用章)

法定代表人
或其授权人：甲方法人姓名(同清单法人)
(签字或盖章)

法定代表人
或其授权人：乙方法人姓名(同清单法人)
(签字或盖章)

编　制　人：(人名)
(造价人员签字盖专用章)

复　核　人：(人名，不能与编制人相同)
(造价工程师签字盖专用章)

编制时间：　　年　　月　　日

复核时间：　　年　　月　　日

(3)总说明(表 1-17)；

表 1-17　总说明①

工程名称：广联达办公大厦给水排水安装工程　　　　第　页　共　页

1. 工程概况：本工程为广州市辖区内某办公大厦，建筑物用地概貌属于平缓场地，本建筑为二类多层办公建筑，总建筑面积为 4 745.6 m^2，地下一层，地上四层，建筑高度为 15.2 m。

2. 招标范围：施工图纸范围内的给水排水安装工程。

3. 工期：30 个日历天。

4. 编制依据：根据招标人提供的招标文件及招标工程量清单以及国家标准《通用安装工程工程量清单计算规范》(GB 50856—2013)、《广东省安装工程综合定额(2010)》、设计图纸及设计变更单进行招标控制价编制。主要材料、设备、成品价格根据本地区的工程造价管理机构发布的指导价。

5. 以一类地区计收管理费，人工价差结合本企业的实际情况取定为 110 元/工日。辅材价差为按综合定额调增 20%，机械费价差为 30%，利润为 18%，防洪工程维护费费率为 0.05%。

6. 按照招标文件要求，工程质量达到优。

7. 预留金数为 1 万元。

(4)单位工程招标控制价汇总表(表 1-18)；

表 1-18　单位工程招标控制价汇总表

工程名称：广联达办公大厦给水排水安装工程　　　　第　页　共　页

序号	单位工程名称	金额/元
1	分部分项工程量清单计价合计	81 713.53
2	措施项目清单计价合计	4 453.10
3	其他项目清单计价合计	15 074.00
4	规费	1 615.02
5	税金	3 627.72
	合计	106 483.37

(5)分部分项工程量清单与计价表(表 1-19)；

表 1-19　分部分项工程量清单与计价表②

工程名称：广联达办公大厦给水排水安装工程　　　　第　页　共　页

序号	项目编码	项目名称	项目特征	计量单位	工程数量	金额/元	
						综合单价	合价
1	031001007001	复合管	1. 安装部位：室内 2. 介质：给水管道 3. 材质、规格：热镀锌(衬塑)复合管 *DN*70 4. 连接形式：螺纹连接 5. 压力试验及吹、洗设计要求：消毒、冲洗	m	11.76	145.01	1 705.32

① 总说明不能空，一般必须填写五个方面：工程概况；工程招标和分包范围；招标控制价编制依据；工程质量、材料、施工等的特殊要求；其他需要说明的问题。

② 工程量清单计价表，是在原有工程量清单的基础上进行报价，不得改变项目编码、项目名称、项目特征、计量单位、工程量等招标单位已填写内容，只是根据相应特征对所有项目进行报价，填写综合单价、合价(单价×数量)。

续表

序号	项目编码	项目名称	项目特征	计量单位	工程数量	金额/元	
						综合单价	合价
2	031001007002	复合管	1. 安装部位：室内 2. 介质：给水管道 3. 材质、规格：热镀锌(衬塑)复合管 *DN*50 4. 连接形式：螺纹连接 5. 压力试验及吹、洗设计要求：消毒、冲洗	m	67.00	106.15	7 112.05
3	031001007003	复合管	1. 安装部位：室内 2. 介质：给水管道 3. 材质、规格：热镀锌(衬塑)复合管 *DN*40 4. 连接形式：螺纹连接 5. 压力试验及吹、洗设计要求：消毒、冲洗	m	3.8	89.86	341.47
4	031001007004	复合管	1. 安装部位：室内 2. 介质：给水管道 3. 材质、规格：热镀锌(衬塑)复合管 *DN*32 4. 连接形式：螺纹连接 5. 压力试验及吹、洗设计要求：消毒、冲洗	m	13.84	79.01	1093.50
5	031001007005	复合管	1. 安装部位：室内 2. 介质：给水管道 3. 材质、规格：热镀锌(衬塑)复合管 *DN*25 4. 连接形式：螺纹连接 5. 压力试验及吹、洗设计要求：消毒、冲洗	m	18.24	65.42	1 193.26
6	031001006001	塑料管	1. 安装部位：室内 2. 介质：排水管道 3. 材质、规格：塑料管 UPVC *De*110 4. 连接形式：粘接	m	74.08	68.73	5 091.52
7	031001006002	塑料管	1. 安装部位：室内 2. 介质：排水管道 3. 材质、规格：螺旋塑料管 *De*110 4. 连接形式：粘接	m	48.68	78.31	3 812.13
8	031001006003	塑料管	1. 安装部位：室内 2. 介质：排水管道 3. 材质、规格：塑料管 UPVC *De*75 4. 连接形式：粘接	m	8.32	44.19	367.66

续表

<table>
<tr><th rowspan="2">序号</th><th rowspan="2">项目编码</th><th rowspan="2">项目名称</th><th rowspan="2">项目特征</th><th rowspan="2">计量单位</th><th rowspan="2">工程数量</th><th colspan="2">金额/元</th></tr>
<tr><th>综合单价</th><th>合价</th></tr>
<tr><td>9</td><td>031001006004</td><td>塑料管</td><td>1. 安装部位：室内
2. 介质：排水管道
3. 材质、规格：塑料管 UPVC *De*50
4. 连接形式：粘接</td><td>m</td><td>52.24</td><td>29.51</td><td>1 541.60</td></tr>
<tr><td>10</td><td>031002001001</td><td>管道支架</td><td>材质：角钢∟30×30×3</td><td>kg</td><td>425.92</td><td>18.19</td><td>7 747.48</td></tr>
<tr><td>11</td><td>031201003001</td><td>金属结构刷油</td><td>1. 除锈等级：除轻锈
2. 油漆品种：樟丹防锈漆
3. 刷涂遍数、漆膜厚度：两遍，第一遍防锈漆应在安装时涂好，试压合格后再涂第二道防锈漆</td><td>kg</td><td>425.92</td><td>2.35</td><td>1 000.91</td></tr>
<tr><td>12</td><td>031001005001</td><td>铸铁管</td><td>1. 安装部位：室内
2. 介质：压力排水管道
3. 材质、规格：机制排水铸铁管 *DN*100
4. 连接形式：W 承插水泥接口</td><td>m</td><td>17.01</td><td>135.44</td><td>2 303.83</td></tr>
<tr><td>13</td><td>031201001001</td><td>管道刷油</td><td>1. 除锈级别：除轻锈
2. 油漆品种：沥青漆
3. 涂刷遍数、漆膜厚度：一布两油</td><td>m²</td><td>6.30</td><td>41.63</td><td>262.27</td></tr>
<tr><td>14</td><td>031002003001</td><td>套管</td><td>1. 名称：刚性防水套管
2. 材质：钢材
3. 规格：*DN*125</td><td>个</td><td>6</td><td>354.86</td><td>2 129.16</td></tr>
<tr><td>15</td><td>031002003002</td><td>套管</td><td>1. 名称：穿楼板钢套管
2. 材质：钢材
3. 规格：*DN*80/50</td><td>个</td><td>10</td><td>130.51</td><td>1 305.10</td></tr>
<tr><td>16</td><td>031002003003</td><td>套管</td><td>1. 名称：穿楼板钢套管
2. 材质：钢材
3. 规格：*DN*70/40</td><td>个</td><td>2</td><td>125.86</td><td>251.72</td></tr>
<tr><td>17</td><td>031002003004</td><td>套管</td><td>1. 名称：穿楼板钢套管
2. 材质：钢材
3. 规格：*DN*125/100</td><td>个</td><td>8</td><td>163.94</td><td>1 311.52</td></tr>
<tr><td>18</td><td>031003003001</td><td>焊接法兰阀门</td><td>1. 类型：闸阀
2. 规格：Z45 W－10 *DN*100
3. 连接形式：法兰连接</td><td>个</td><td>1</td><td>1 106.67</td><td>1 106.67</td></tr>
<tr><td>19</td><td>031003003002</td><td>焊接法兰阀门</td><td>1. 类型：止回阀
2. 规格：H44 W－10 *DN*100
3. 连接形式：法兰连接</td><td>个</td><td>1</td><td>1 086.67</td><td>1 086.67</td></tr>
<tr><td>20</td><td>031003010001</td><td>软接头</td><td>1. 材质：橡胶软接头
2. 规格：*DN*100
3. 连接形式：法兰连接</td><td>个</td><td>1</td><td>486.67</td><td>486.67</td></tr>
</table>

续表

序号	项目编码	项目名称	项目特征	计量单位	工程数量	金额/元	
						综合单价	合价
21	030109011001	潜水泵	1. 名称：潜水排污泵 2. 型号：50 QW(WQ)10—7—0.75	台	1	1 552.47	1 552.47
22	031003001001	螺纹阀门	1. 类型：闸阀 2. 规格：Z15 W—10 *DN*70 3. 连接形式：螺纹连接	个	1	303.94	303.94
23	031003001002	螺纹阀门	1. 类型：截止阀 2. 规格：J11 T—1.6 *DN*50 3. 连接形式：螺纹连接	个	8	93.54	748.32
24	031003001003	螺纹阀门	1. 类型：截止阀 2. 规格：J11 T—1.6 *DN*32 3. 连接形式：螺纹连接	个	4	59.85	239.40
25	031004014001	给水排水附(配)件	1. 材质：塑料 2. 型号、规格：地漏 *De*50	个	8	43.68	349.44
26	031004003001	洗脸盆	1. 材质：陶瓷 2. 规格、类型：节水型洗脸盆 3. 附件名称：红外感应水龙头	套	16	543.42	8 694.72
27	031004006001	大便器	1. 材质：陶瓷 2. 规格、类型：脚踏式蹲便器 3. 附件名称：手压延时阀	套	24	465.90	11 181.60
28	031004006002	大便器	1. 材质：陶瓷 2. 规格、类型：坐便器 3. 附件名称：6 L低水箱	套	8	659.30	5 274.40
29	031 004 007 001	小便器	1. 材质：陶瓷 2. 规格、类型：立式小便斗 3. 附件名称：红外感应水龙头	套	12	631.92	7 583.04
30	031004004001	洗涤盆	1. 材质：陶瓷 2. 规格、类型：拖布池	套	8	543.85	4 350.80
31	031004014002	给水排水附(配)件	1. 材质：塑料 2. 型号、规格：清扫口 *De*110	个	8	23.11	184.88
本页小计							
合计							81 713.53①
其中人工费							15 478.29②

① 合计为所有项目的合价之和。

② 完成所有项目所需的人工费之和，列出是因为多项措施费的计算是以分部分项人工费之和为计算基础的。

(6)综合单价分析表(表1-20～表1-50)；

表1-20　综合单价分析表

工程名称：广联达办公大厦给水排水安装工程　　　　第1页　共31页

项目编码	031001007001①	项目名称		复合管				计量单位		m	清单工程量		11.76
清单综合单价组成明细													
定额编号	定额名称	定额单位	数量	单价					合价				
				人工费	材料费	机械费	管理费	利润	人工费	材料费	机械费	管理费	利润
C8-1-201②	室内钢塑给水管公称直径DN80以内	10 m③	1.176	208.01④	307.25⑤	0.00	26.73⑥	37.44⑦	244.62⑧	361.32	0.00	31.43	44.03
C8-1-412	管道消毒、冲洗DN100以内	100 m	0.118	54.78	66.74	0.00	7.04	9.86	6.46	7.88	0.00	0.83	1.16
人工单价		小计							21.35⑨	31.40	0.00	2.74	3.84
110.00元/工日		未计价材料费							85.68				
清单项目综合单价									145.01⑩				
材料费明细	主要材料名称、规格、型号						单位		数量	单价/元	合价/元	暂估单价/元	暂估合价/元
	热镀锌(衬塑)复合管DN70						m		12.00	84	1 007.60		
	其他材料费												
	材料费小计										85.68		

① 项目编码、项目名称都是照抄清单中的对应项目。

② 计算综合单价根据规范中相对应项目的工作内容计算，规范中复合管对应的工作内容包括：管道安装、管件安装、塑料卡固定、压力试验、吹扫冲洗、警示带敷设。本工程为室内管道安装，不涉及警示带敷设，*DN*70管道也不需塑料卡固定，所需的管道支架另列项计算。本项目复合管*DN*70安装使用室内给水复合管定额，定额编码C8-1-201，*DN*80以内的管道安装定额。该定额工作内容包括：配合土建预留孔洞，切管，调直安装，水压试验。从定额包括的材料列表里还可看出管道安装还包括接头零件的安装，而且为计价材料，管件的材料费已包括在总的材料费中。再列定额子目C8-1-412管道消毒冲洗，即完成了项目所需的工作内容，因此，本综合单价需列两个定额进行计算。

③ 单位是相对应定额表表头的单位：10 m，需安装*DN*70的水管是11.76 m，现在计量单位为10 m，所以数量就转化为1.176。

④ 人工费直接不能使用定额中的人工费96.44元，定额中人工费96.44的计算过程是51元/工日×1.891工日得来的，51元/工日是2010定额的人工单价，2016年第四季度人工单价已经是110元/工日了，所以人工费＝110×1.891＝208.01元。这种调整方式，适用于不同时期的人工费。

⑤ 材料费不能直接使用定额中的材料费256.04元，定额中的材料单价是按2009年第二季度的材料单价，现在编制2016年第四季度的控制价，按照总说明里的规定材料价上涨20%，所以材料费＝256.04×1.2＝307.25元。

⑥ 管理费的一、二、三、四类取费，是按照工程所在地区分类取费的。管理费按城市划分为四个地区类别，分别为：一类地区：广州、深圳；二类地区：珠海、佛山、东莞、中山；三类地区：汕头、惠州、江门；四类地区：韶关、河源、梅州、汕尾、阳江、湛江、茂名、肇庆、清远、潮州、揭阳、云浮。本工程所在地为广州市，所以取一类，管理费不做调整。

⑦ 利润的计取为人工费的百分比，编制招标控制价为18%，利润为208.01×18%＝37.44元。

⑧ 合价部分的人工费为单价部分的人工费×数量，所以合价部分的人工费＝208.01×1.176＝244.62元，合价部分材料费、机械费、管理费、利润等的计算方法相同。

⑨ 人工费小计为安装每米管道所需的人工费，即把人工费均摊的每米上，所以人工费＝(244.62＋6.46)/11.76(清单工程量)＝21.35元，材料费、机械费、管理费、利润小计的计算方法相同。

⑩ 综合单价＝人工费＋材料费＋机械费＋管理费＋利润＋未计价材料费。

表 1-21　综合单价分析表

工程名称：广联达办公大厦给水排水安装工程　　　　　　　　　　　　　　　　　　第 2 页　共 31 页

项目编码	031001007002		项目名称	复合管				计量单位	m		清单工程量		67.00
清单综合单价组成明细													
定额编号	定额名称	定额单位	数量	单价					合价				
				人工费	材料费	机械费	管理费	利润	人工费	材料费	机械费	管理费	利润
C8-1-199 ①	室内钢塑给水管公称直径 *DN*50 以内	10 m	6.7	204.71	184.31	0.00	26.31	36.85	1 371.56	1 234.88	0.00	176.28	246.88
C8-1-411	管道消毒、冲洗 *DN*50 以内	100 m	0.67	44.44	16.97	0.00	5.71	8.00	29.77	11.37	0.00	3.83	5.36
人工单价		小计							20.92②	18.60	0.00	2.69	3.76
110.00 元/工日		未计价材料费							60.18③				
清单项目综合单价									106.15				
材料费明细③	主要材料名称、规格、型号							单位	数量	单价/元	合价/元	暂估单价/元	暂估合价/元
	热镀锌(衬塑)复合管 *DN*50④							m⑤	68.34 ⑥	59 ⑦	4 032.06 ⑧		
	其他材料费												
	材料费小计										60.18⑨		

---

① 根据规范工作内容要求及前面的分析，应该套用定额编码 C8-1-199 *DN*50 以内的钢塑复合给水管安装定额。C8-1-411 *DN*50 以内管道消毒冲洗定额，即完成了项目所需的工作内容，因此本综合单价分析表需列两个定额进行计算。其定额单位、数量、人工费、材料费、机械费、管理费、利润的计算方法与前一个表格相同。

② 人工费＝(1 371.56＋29.77)/67(清单工程量)＝20.92 元，材料费、机械费、管理费、利润计算方法相同。

③ 在安装工程综合单价分析表里，材料费明细只列未计价材料(主材)，已经包含在定额材料费中的计价材料不需在材料明细这里列项。因此，未计价材料费和下面的材料费小计中的数量相同。

④ 未计价材料费是定额中没有给出材料单价的主材等的费用，定额只给出了消耗量，并加以括号表示。在定额 C8-1-199 *DN*50 以内的钢塑复合给水管安装定额中，只有钢塑管是未计价材料，因此需在材料明细中填报未计价材料费。C8-1-411 *DN*50 以内管道消毒冲洗定额，所需的水和漂白粉均为计价材料，这个定额中没有未计价材料，这一项不需列未计价材料费。

⑤ 单位为定额内未计价材料项所对应计量单位。

⑥ 未计价材料的数量的计算方法，所需购买的钢塑复合给水管长度＝10.2(定额子目 C8-1-199[]内的数)×6.7(定额项目数量)＝68.34 m。

⑦ 钢塑复合给水管的材料单价。钢塑复合给水管作为未计价材料，其价格应按建设当地的市场价格、施工合同或双方签证的价格计算，其价格应该包括材料供应价、运杂费用、运输损耗、采保费，通过网络、市场等方式询价得来。

⑧ 材料合价＝68.34(数量)×59(单价)＝4 032.06 元。

⑨ 材料小计为安装每米管道所需主材费＝4 032.06(主材费合计)/67(清单工程量)＝60.18 元。

表 1-22　综合单价分析表

工程名称：广联达办公大厦给水排水安装工程　　　　　　　　　　　　　　第 3 页　共 31 页

项目编码	031001007003	项目名称	复合管					计量单位	m		清单工程量		3.8
清单综合单价组成明细													
定额编号	定额名称	定额单位	数量	单价					合价				
				人工费	材料费	机械费	管理费	利润	人工费	材料费	机械费	管理费	利润
C8-1-198	室内钢塑给水管公称直径 *DN*40 以内	10 m	0.38	204.71	133.66	0.00	26.31	36.85	77.79	50.79	0.00	10.00	14.00
C8-1-411	管道消毒、冲洗 *DN*50 以内	100 m	0.038	44.44	16.97	0.00	5.71	8.00	1.69	0.64	0.00	0.22	0.30
人工单价		小计							20.92	13.54	0.00	2.69	3.76
110.00 元/工日		未计价材料费							48.96				
清单项目综合单价									89.86[①]				

	主要材料名称、规格、型号	单位	数量	单价/元	合价/元	暂估单价/元	暂估合价/元
材料费明细	热镀锌(衬塑)复合管 *DN*40	m	3.88	48[②]	186.048		
	其他材料费						
	材料费小计				48.96		

① 因为保留位数的问题，综合单价可能会有小小误差。

② 热镀锌(衬塑)复合管 *DN*40 管材的市场价。

表 1-23　综合单价分析表

工程名称：广联达办公大厦给水排水安装工程　　　　第 4 页　共 31 页

项目编码	031001007004	项目名称	复合管				计量单位	m		清单工程量	13.84		
清单综合单价组成明细													
定额编号	定额名称	定额单位	数量	单价					合价				
				人工费	材料费	机械费	管理费	利润	人工费	材料费	机械费	管理费	利润
C8-1-197	室内钢塑给水管公称直径 *DN*32 以内	10 m	1.384	172.04	129.02	0.00	22.11	30.97	238.10	178.57	0.00	30.60	42.86
C8-1-411	管道消毒、冲洗 *DN*50 以内	100 m	0.138 4	44.44	16.97	0.00	5.71	8.00	6.15	2.35	0.00	0.79	1.11
人工单价		小计							17.65	13.07	0.00	2.27	3.18
110.00 元/工日		未计价材料费							42.84				
清单项目综合单价									79.01				

材料费明细	主要材料名称、规格、型号	单位	数量	单价/元	合价/元	暂估单价/元	暂估合价/元
	热镀锌(衬塑)复合管 *DN*32	m	14.12	42.00	592.91		
	其他材料费						
	材料费小计				42.84		

表 1-24　综合单价分析表

工程名称：广联达办公大厦给水排水安装工程　　　　　　　　　　　　　　　　　　第 5 页　共 31 页

项目编码	031001007005		项目名称		复合管				计量单位	m		清单工程量	18.24
清单综合单价组成明细													
定额编号	定额名称	定额单位	数量	单价					合价				
				人工费	材料费	机械费	管理费	利润	人工费	材料费	机械费	管理费	利润
C8-1-196	室内钢塑给水管公称直径 *DN*25 以内	10 m	1.824	172.04	64.52	0.00	22.11	30.97	313.80	117.69	0.00	40.33	56.48
C8-1-411	管道消毒、冲洗 *DN*50 以内	100 m	0.182 4	44.44	16.97	0.00	5.71	8.00	8.11	3.09	0.00	1.04	1.46
人工单价		小计							17.65	6.62	0.00	2.27	3.18
110.00 元/工日		未计价材料费							35.70				
清单项目综合单价									65.42				

材料费明细	主要材料名称、规格、型号	单位	数量	单价/元	合价/元	暂估单价/元	暂估合价/元
	热镀锌(衬塑)复合管 *DN*32	m	18.60	35.00	651.17		
	其他材料费						
	材料费小计				35.70		

表 1-25　综合单价分析表

工程名称：广联达办公大厦给水排水安装工程　　　　　　　　第 6 页　共 31 页

项目编码	031001006001	项目名称	塑料管	计量单位	m	清单工程量	74.08

清单综合单价组成明细													
定额编号	定额名称	定额单位	数量	单价					合价				
				人工费	材料费	机械费	管理费	利润	人工费	材料费	机械费	管理费	利润
C8-1-175 ①	室内塑料排水管公称直径 *DN*100 以内	10 m	7.406	161.15	269.92	0.00	20.71	29.01	1 193.48	1 999.00	0.00	153.38	214.85
人工单价		小计							16.11	26.98	0.00	2.07	2.90
110.00 元/工日		未计价材料费							20.66				
清单项目综合单价									68.73				

材料费明细	主要材料名称、规格、型号	单位	数量	单价/元	合价/元	暂估单价/元	暂估合价/元
	塑料管 UPVC *De*110	m	63.10	24.26	1 530.78		
	其他材料费						
	材料费小计				20.66		

① 根据清单项目特征，安装费执行室内塑料排水管(粘接)定额 C8-1-175，*De*110 表示管道外径为 110 mm，*DN*100 表示公称直径为 100 mm，是指的同一管道规格。根据计算规范，塑料管的工作内容包括：管道安装、管件安装、塑料卡固定、阻火圈安装、压力试验、吹扫冲洗、警示带敷设。管道安装、管件安装、压力试验的费用均包括在管道安装定额 C8-1-175 内，该 *De*110 UPVC 管为排水横管，用吊架固定不需要塑料卡，管道不贯穿楼板也不需要设阻火圈。排水管不需消毒，所以，该综合单价分析表仅列一条定额。

表 1-26 综合单价分析表

工程名称：广联达办公大厦给水排水安装工程　　　　　　　　　　　　　　第 7 页　共 31 页

项目编码	031001006002	项目名称		塑料管				计量单位	m	清单工程量		48.68	
清单综合单价组成明细													
定额编号	定额名称	定额单位	数量	单价					合价				
				人工费	材料费	机械费	管理费	利润	人工费	材料费	机械费	管理费	利润
C8-1-175 ①	室内塑料排水管公称直径 *DN*100 以内	10 m	4.868	161.15	269.92	0.00	20.71	29.01	784.48	1 313.95	0.00	100.82	141.21
C8-1-408 ②	组火圈安装 *De*110	10 个	1.00 ③	85.58	10.27	0.00	11.00	15.40	85.58	10.27	0.00	11.00	15.40
人工单价		小计							17.87	27.20	0.00	2.30	3.22
110.00 元/工日		未计价材料费							27.72				
清单项目综合单价									78.31				
材料费明细	主要材料名称、规格、型号							单位	数量	单价/元	合价/元	暂估单价/元	暂估合价/元
	螺旋塑料管 *De*110							m	41.48 ④	29.00	1 202.79		
	透气帽							个	2.00 ⑤	9.20	18.40		
	组火圈安装 *De*110							个	10.00 ⑥	12.80	128.00		
	其他材料费												
	材料费小计										27.72⑦		

---

① 根据清单项目特征，安装费同样执行室内塑料排水管(粘接)定额 C8-1-175。定额规定室内铸铁排水管、雨水管和室内塑料排水管、雨水管均包括管卡、检查口、透气帽、雨水漏斗、伸缩节、H 型管、消能装置、存水弯、止水环的安装，但透气帽、雨水漏斗、H 型管、消能装置、存水弯、止水环的价格应另外计算。该螺纹塑料管为排水立管，有穿出屋顶透气帽，排水管道安装定额包括了透气帽的安装费，但需计透气帽的主材费。

② 根据计算规范，塑料管的工作内容包括：管道安装、管件安装、塑料卡固定、阻火圈安装，压力试验、吹扫冲洗、警示带敷设。管道安装、管件安装、压力试验的费用均包括在管道安装定额 C8-1-175 内，该 *De*110 螺旋塑料排水管，用支架固定不需要塑料卡。排水立管贯穿楼板时需设阻火圈，需列阻火圈安装定额。

③ 阻火圈安装按设计图示数量以个计算，穿楼板数。

④ 螺旋塑料管数量＝8.52(定额 C8-1-175[]定额内的数字)×4.868(定额项目数量)＝41.48 m。

⑤ 透气帽安装按设计图示数量以个计算，每根排水立管顶一个透气帽。

⑥ 阻火圈数量＝10.00(定额 C8-1-408[]定额内的数字)×1.00(定额项目数量)＝10 个。

⑦ 未计价材料费小计＝(1 202.79＋18.40＋128.00)(主材费合计)/48.68(清单工程量)＝27.72 元，即均摊到每米管道上的费用是 27.72 元/m。

表 1-27　综合单价分析表

工程名称：广联达办公大厦给水排水安装工程　　　　　　　　　　第 8 页　共 31 页

项目编码	031001006003	项目名称	塑料管				计量单位		m		清单工程量		8.32
清单综合单价组成明细													
定额编号	定额名称	定额单位	数量	单价					合价				
				人工费	材料费	机械费	管理费	利润	人工费	材料费	机械费	管理费	利润
C8-1-174	室内塑料排水管公称直径 *DN*75 以内	10 m	0.832	132.88	142.00	0.00	17.08	23.92	110.56	118.14	0.00	14.21	19.90
人工单价		小计							13.29	14.20	0.00	1.71	2.39
110.00 元/工日		未计价材料费							12.61				
清单项目综合单价									44.19				

材料费明细	主要材料名称、规格、型号	单位	数量	单价/元	合价/元	暂估单价/元	暂估合价/元
	塑料管 UPVC *De*75	m	8.01	13.09[①]	104.88		
	其他材料费						
	材料费小计				12.61		

① 塑料管 UPVC *De*75 管材的市场价。

表 1-28　综合单价分析表

工程名称：广联达办公大厦给水排水安装工程　　　　　　　　　　　　　　第 9 页　共 31 页

项目编码	031001006004	项目名称	塑料管			计量单位	m	清单工程量		52.24
清单综合单价组成明细										

定额编号	定额名称	定额单位	数量	单价					合价				
				人工费	材料费	机械费	管理费	利润	人工费	材料费	机械费	管理费	利润
C8-1-173	室内塑料排水管公称直径 *DN*50 以内	10 m	5.224	108.9	67.45	0.00	14.00	19.60	568.89	352.37	0.00	73.14	102.40
人工单价		小计							10.89	6.75	0.00	1.40	1.96
110.00 元/工日		未计价材料费							8.51				
清单项目综合单价									29.51				

	主要材料名称、规格、型号	单位	数量	单价/元	合价/元	暂估单价/元	暂估合价/元
材料费明细	塑料管 UPVC *De*50	m	50.52	8.80	444.54		
	其他材料费						
	材料费小计				8.51		

表 1-29　综合单价分析表

工程名称：广联达办公大厦给水排水安装工程　　　　　　第 10 页　共 31 页

项目编码	031002001001	项目名称	管道支架	计量单位	kg	清单工程量	425.92

定额编号	定额名称	定额单位	数量	单价					合价				
				人工费	材料费	机械费	管理费	利润	人工费	材料费	机械费	管理费	利润
C8-1-353 ①	管道支架制作	100 kg	4.259 2	531.3	163.60	208.46 ②	68.28	95.09	2 262.91	696.79	887.86	290.82	407.33
C8-1-354	管道支架安装	100 kg	4.259 2	227.7	61.54	11.04	29.26	40.99	969.82	262.09	47.01	124.62	174.57
人工单价		小计							7.59	2.25	2.19	0.98	1.37
110.00 元/工日		未计价材料费							3.82				
清单项目综合单价									18.19				

材料费明细	主要材料名称、规格、型号	单位	数量	单价/元	合价/元	暂估单价/元	暂估合价/元
	角钢∟ 30×30×3	kg	451.48	3.60	1 625.31		
	其他材料费						
	材料费小计				3.82		

① 管道支架的工作内容包括制作、安装两项工作内容，套用管道支架制作、安装两个定额子目。只有 C8-1-353 定额子目需要主材费用。

② 定额中的机械费为 2009 年第二季度机械台班费，调整方式与材料费调整方式相同，在总说明中给出机械价差为 30%，所以机械费=160.35×1.3=208.46 元。

表 1-30　综合单价分析表

工程名称：广联达办公大厦给水排水安装工程　　　　　　　　　　第 11 页　共 31 页

项目编码	031201003001	项目名称	金属结构刷油					计量单位	kg		清单工程量	425.92	
清单综合单价组成明细													
定额编号	定额名称	定额单位	数量	单价					合价				
				人工费	材料费	机械费	管理费	利润	人工费	材料费	机械费	管理费	利润
C1-11-7①	手工一般钢结构除轻锈	100 kg	4.259 2	26.95	2.54	2.76	2.57	4.85	114.79	10.84	11.74	10.95	20.66
C11-2-69	一般钢结构刷防锈漆第一遍	100 kg	4.259 2	18.81	2.11	12.61	1.79	3.39	80.12	9.00	53.71	7.62	14.42
C11-2-70	一般钢结构刷防锈漆第二遍	100 kg	4.259 2	17.93	1.90	12.61	1.79	3.23	76.37	8.08	53.71	7.62	13.75
人工单价		小计							0.64	0.07	0.28	0.06	0.11
110.00 元/工日		未计价材料费							1.19				
清单项目综合单价									2.35				

材料费明细	主要材料名称、规格、型号	单位	数量	单价/元	合价/元	暂估单价/元	暂估合价/元
	樟丹防锈漆	kg	3.918	70.00	274.29		
	樟丹防锈漆	kg	3.322	70.00	232.55		
	其他材料费						
	材料费小计				1.19		

① 金属结构刷油的工作内容包括除锈、调配、涂刷油漆。所以在综合单价分析时，根据项目特征要求所列定额包括除轻锈、刷涂两遍防锈漆。

表 1-31 综合单价分析表

工程名称：广联达办公大厦给水排水安装工程　　　　第 12 页　共 31 页

项目编码	031001005001	项目名称	铸铁管					计量单位	m		清单工程量	17.01	
清单综合单价组成明细													
定额编号	定额名称	定额单位	数量	单价					合价				
				人工费	材料费	机械费	管理费	利润	人工费	材料费	机械费	管理费	利润
C8-1-252	铸铁排水管水泥接口 *DN*100	10 m	1.701	298.87	358.09	0.00	38.41	53.80	508.38	609.11	0.00	65.34	91.51
人工单价		小计							29.89	35.81	0.00	3.84	5.38
110.00 元/工日		未计价材料费							60.52				
清单项目综合单价									135.44				

材料费明细	主要材料名称、规格、型号	单位	数量	单价/元	合价/元	暂估单价/元	暂估合价/元
	铸铁排水管水泥接口 *DN*100	m	15.139	68.00	1 029.45		
	其他材料费						
	材料费小计				60.52		

表 1-32　综合单价分析表

工程名称：广联达办公大厦给水排水安装工程　　　　第 13 页　共 31 页

项目编码	031201001001	项目名称		管道刷油				计量单位	m²	清单工程量		6.30	
清单综合单价组成明细													
定额编号	定额名称	定额单位	数量	单价					合价				
				人工费	材料费	机械费	管理费	利润	人工费	材料费	机械费	管理费	利润
C1-11-1 ①	管道手工除轻锈	10 m²	0.63	29.59	3.46	0.00	2.82	5.33	18.64	2.18	0.00	1.78	3.36
C11-3-338 ②	沥青漆一布两油	10 m²	0.63	135.63	158.39	0.00	12.93	24.41	85.45	99.78	0.00	8.15	15.38
人工单价		小计							16.52	16.18	0.00	1.58	2.97
110.00 元/工日		未计价材料费							4.38				
清单项目综合单价									41.63				
材料费明细	主要材料名称、规格、型号						单位		数量	单价/元	合价/元	暂估单价/元	暂估合价/元
	玻璃布						m²		7.875	3.50	27.56		
	其他材料费												
	材料费小计										4.38		

① 管道刷油清单工作内容包括除锈、刷油。因此，相应的除锈费用列入综合单价分析表内。

② 要求刷涂沥青漆两遍，定额 C11-3-338 已包括刷涂两遍沥青漆和包裹一层玻璃布的费用，在定额中沥青漆是计价材料，玻璃布是未计价材料。

表 1-33　综合单价分析表

工程名称：广联达办公大厦给水排水安装工程　　　　第 14 页　共 31 页

项目编码	031002003001	项目名称	套管	计量单位	个	清单工程量	6

清单综合单价组成明细													
定额编号	定额名称	定额单位	数量	单价					合价				
				人工费	材料费	机械费	管理费	利润	人工费	材料费	机械费	管理费	利润
C6-8-104 ①	刚性防水套管制作 *DN*125	个	6	108.35	32.00	32.01	14.75	19.50	650.10	192.02	192.04	88.50	117.02
C6-8-119	刚性防水套管安装 *DN*125	个	6	66.44	33.79	0.00	9.04	11.96	398.64	202.75	0.00	54.24	71.76
人工单价		小计							174.79	65.80	32.01	23.79	31.46
110.00 元/工日		未计价材料费							27.02				
清单项目综合单价									354.86				

材料费明细	主要材料名称、规格、型号	单位	数量	单价/元	合价/元	暂估单价/元	暂估合价/元
	热轧厚钢板	kg	42.660	3.80	162.11		
	其他材料费						
	材料费小计				27.02		

① 防水套管使用定额第六册工业管道中防水套管相应定额子目。

表 1-34　综合单价分析表

工程名称：广联达办公大厦给水排水安装工程　　　　　　　　　　　　第 15 页　共 31 页

项目编码	031002003002	项目名称		套管				计量单位	个	清单工程量			10
清单综合单价组成明细													
定额编号	定额名称	定额单位	数量	单价					合价				
				人工费	材料费	机械费	管理费	利润	人工费	材料费	机械费	管理费	利润
C8-1-325①	穿楼板翼环钢套管 *DN*50	个	10	50.27	28.08	4.29	6.46	9.05	502.70	280.80	42.90	64.60	90.49
人工单价		小计							50.27	28.08	4.29	6.46	9.05
110.00 元/工日		未计价材料费							32.36				
清单项目综合单价									130.51				

	主要材料名称、规格、型号	单位	数量	单价/元	合价/元	暂估单价/元	暂估合价/元
材料费明细	焊接钢管 *DN*80②	m	3.1③	80.00	248.00		
	热轧厚钢板	kg	19.90	3.80	75.62		
	其他材料费						
	材料费小计				32.36		

① 穿楼板钢套管规格为穿过套管的管子公称直径，所以应以 *DN*50 为标准使用定额。

② 未计价材料是实际用来做套管的管材，所以应该购买 *DN*80 的钢管来切割制作套管。

③ 消耗 *DN*80 的钢管数量为 0.31 m/个，工程量为 10 个，所以＝0.31×10＝3.1 m。

表 1-35　综合单价分析表

工程名称：广联达办公大厦给水排水安装工程　　　　　　　　　　第 16 页　共 31 页

项目编码		031002003003		项目名称		套管			计量单位		个	清单工程量	2
清单综合单价组成明细													
定额编号	定额名称	定额单位	数量	单价					合价				
				人工费	材料费	机械费	管理费	利润	人工费	材料费	机械费	管理费	利润
C8-1-325	穿楼板翼环钢套管 *DN*50	个	2	50.27	28.08	4.29	6.46	9.05	100.54	56.16	8.58	12.92	18.10
人工单价		小计							50.27	28.08	4.29	6.46	9.05
110.00 元/工日		未计价材料费							27.71				
清单项目综合单价									125.86				
材料费明细	主要材料名称、规格、型号						单位		数量	单价/元	合价/元	暂估单价/元	暂估合价/元
	焊接钢管 *DN*70						m		0.62	65.00	40.30		
	热轧厚钢板						kg		3.980	3.80	15.12		
	其他材料费												
	材料费小计										27.71		

表 1-36　综合单价分析表

工程名称：广联达办公大厦给水排水安装工程　　　　　　　　　　第 17 页　共 31 页

项目编码		031002003004		项目名称		套管			计量单位		个	清单工程量	8
清单综合单价组成明细													
定额编号	定额名称	定额单位	数量	单价					合价				
				人工费	材料费	机械费	管理费	利润	人工费	材料费	机械费	管理费	利润
C8-1-326 ①	穿楼板翼环钢套管 *DN*100	个	8	53.46	44.60	8.58	6.87	9.62	427.68	356.83	68.64	54.96	76.98
人工单价		小计							53.46	44.60	8.58	6.87	9.62
110.00 元/工日		未计价材料费							40.81				
清单项目综合单价									163.94				
材料费明细	主要材料名称、规格、型号						单位		数量	单价/元	合价/元	暂估单价/元	暂估合价/元
	焊接钢管 *DN*125						m		2.48	88.00	218.24		
	热轧厚钢板						kg		28.48	3.80	108.22		
	其他材料费												
	材料费小计										40.81		

① 穿楼板钢套管规格为穿过套管的管子公称直径，所以以穿楼板管子 *DN*100 为标准使用定额。

表 1-37　综合单价分析表

工程名称：广联达办公大厦给水排水安装工程　　　　第 18 页　共 31 页

项目编码	031003003001	项目名称	焊接法兰阀门	计量单位	个	清单工程量	1

清单综合单价组成明细													
定额编号	定额名称	定额单位	数量	单价					合价				
				人工费	材料费	机械费	管理费	利润	人工费	材料费	机械费	管理费	利润
C8-2-21 ①	焊接法兰阀安装 *DN*100	个	1	81.07	26.77	23.82	10.42	14.59	81.07	26.77	23.82	10.42	14.59
人工单价		小计							81.07	26.77	23.82	10.42	14.59
110.00 元/工日		未计价材料费							950.00				
清单项目综合单价									1 106.67				

材料费明细	主要材料名称、规格、型号	单位	数量	单价/元	合价/元	暂估单价/元	暂估合价/元
	法兰闸阀 Z45 W－10 *DN*100②	个	1.00	870.00	870.00		
	平焊法兰 *DN*100③	kg	2.00	40.00	80.00		
	其他材料费						
	材料费小计				950.00		

① 套用定额第八册给水排水综合定额中法兰阀门相应安装子目。

② 在综合定额中所列主材名称只是法兰阀门，但在综合单价分析表里，针对不同阀门时必须写明阀门的型号规格。

③ 在定额 C8-2-21 子目中，有两个打[]的材料，因此下面材料费明细中应列有两项主材费。

表 1-38　综合单价分析表

工程名称：广联达办公大厦给水排水安装工程　　　　　　　　　　　　第 19 页　共 31 页

项目编码	031003003002	项目名称	焊接法兰阀门	计量单位	个	清单工程量	1

清单综合单价组成明细													
定额编号	定额名称	定额单位	数量	单价					合价				
				人工费	材料费	机械费	管理费	利润	人工费	材料费	机械费	管理费	利润
C8-2-21 ①	焊接法兰阀安装 *DN*100	个	1	81.07	26.77	23.82	10.42	14.59	81.07	26.77	23.82	10.42	14.59
人工单价		小计							81.07	26.77	23.82	10.42	14.59
110.00 元/工日		未计价材料费							930.00				
清单项目综合单价									1 086.67				

材料费明细	主要材料名称、规格、型号	单位	数量	单价/元	合价/元	暂估单价/元	暂估合价/元
	法兰止回阀 H44 W—10 *DN*100②	个	1.00	850.00	850.00		
	平焊法兰 *DN*100	kg	2.00	40.00	80.00		
	其他材料费						
	材料费小计				930.00		

① *DN*100 法兰止回阀安装费仍然采用定额 C8-2-21，这个定额适用于所有 *DN*100 的法兰安装阀门，只是阀门的主材价不同，最后的综合单价不同。

② 列出需要安装的止回阀的规格、单价。

表 1-39　综合单价分析表

工程名称：广联达办公大厦给水排水安装工程　　　　　　　　　　第 20 页　共 31 页

项目编码	031003001001	项目名称	软接头				计量单位	个	清单工程量	1		
清单综合单价组成明细												
定额编号	定额名称	定额单位	数量	单价					合价			
				人工费	材料费	机械费	管理费	利润	人工费	材料费	机械费	管理费	利润
C8-2-21 ①	焊接法兰阀安装 *DN*100	个	1	81.07	26.77	23.82	10.42	14.59	81.07	26.77	23.82	10.42	14.59
人工单价		小计							81.07	26.77	23.82	10.42	14.59
110.00 元/工日		未计价材料费							330.00				
清单项目综合单价									486.67				

材料费明细	主要材料名称、规格、型号	单位	数量	单价/元	合价/元	暂估单价/元	暂估合价/元
	橡胶软接头 *DN*100	个	1.00	250.00	250.00		
	平焊法兰 *DN*100	kg	2.00	40.00	80.00		
	其他材料费						
	材料费小计				330.00		

① 软接头安装方式是法兰安装，依然使用法兰阀门安装定额 C8-2-21，只是主材为软接头材料费。

表 1-40　综合单价分析表

工程名称：广联达办公大厦给水排水安装工程　　　　第 21 页　共 31 页

项目编码	030109011001		项目名称	潜水泵			计量单位	台		清单工程量	1		
清单综合单价组成明细													
定额编号	定额名称	定额单位	数量	单价					合价				
				人工费	材料费	机械费	管理费	利润	人工费	材料费	机械费	管理费	利润
C1-9-123①	潜水泵安装 0.2 t 以内	台	1	236.39	4.58	25.26	43.69	42.55	236.39	4.58	25.26	43.69	42.55
人工单价		小计							236.39	4.58	25.26	43.69	42.55
110.00 元/工日		未计价材料费							1 200.00				
清单项目综合单价									1 552.47				

材料费明细	主要材料名称、规格、型号	单位	数量	单价/元	合价/元	暂估单价/元	暂估合价/元
	潜水泵 50 QW(WQ)10－7－0.75②	台	1.00	1 200.00	1 200.00		
	其他材料费						
	材料费小计				1 200.00		

① 套用定额第一册机械设备安装定额中潜水泵的安装子目，根据水泵重量 0.2 t 以内套用定额子目 C1-9-123。

② 水泵安装潜水泵 50 QW(WQ)10－7－0.75 虽然没有以主材标识[]表示，潜水泵依然是该设备安装的主材，且设备费不计损耗量，主材数量依然是 1.00。

表 1-41　综合单价分析表

工程名称：广联达办公大厦给水排水安装工程　　　　第 22 页　共 31 页

项目编码	031003001001	项目名称		螺纹阀门				计量单位		个	清单工程量		1
清单综合单价组成明细													
定额编号	定额名称	定额单位	数量	单价					合价				
				人工费	材料费	机械费	管理费	利润	人工费	材料费	机械费	管理费	利润
C8-2-8 ①	螺纹阀门安装 *DN*80 以内	个	1	50.49	78.29	0.00	6.49	9.09	50.49	78.29	0.00	6.49	9.09
人工单价		小计							50.49	78.29	0.00	6.49	9.09
110.00 元/工日		未计价材料费							159.58				
清单项目综合单价									303.94				
材料费明细	主要材料名称、规格、型号						单位	数量	单价/元	合价/元	暂估单价/元	暂估合价/元	
	螺纹闸阀 Z15 W－10 *DN*70②						台	1.01③	158.00	159.58			
	其他材料费												
	材料费小计									159.58			

① 使用螺纹阀门安装的相应规格定额。

② 主材明细必须详细列出阀门规格。

③ C8-2-8 定额子目相应主材消耗量。

表 1-42　综合单价分析表

工程名称：广联达办公大厦给水排水安装工程　　　　　　　　　　第 23 页　共 31 页

项目编码	031003001002		项目名称	螺纹阀门			计量单位		个		清单工程量		8
清单综合单价组成明细													
定额编号	定额名称	定额单位	数量	单价					合价				
				人工费	材料费	机械费	管理费	利润	人工费	材料费	机械费	管理费	利润
C8-2-6	螺纹阀门安装 *DN*50 以内	个	8	20.9	30.84	0.00	2.69	3.76	167.20	246.72	0.00	21.52	30.10
人工单价		小计							20.90	30.84	0.00	2.69	3.76
110.00 元/工日		未计价材料费							35.35				
清单项目综合单价									93.54				
材料费明细	主要材料名称、规格、型号						单位		数量	单价/元	合价/元	暂估单价/元	暂估合价/元
	螺纹截止阀 J11 T—1.6　*DN*50						台		8.08	35.00	282.80		
	其他材料费												
	材料费小计										35.35		

表 1-43　综合单价分析表

工程名称：广联达办公大厦给水排水安装工程　　　　　　　　　　第 24 页　共 31 页

项目编码	031003001003		项目名称	螺纹阀门			计量单位		个		清单工程量		4
清单综合单价组成明细													
定额编号	定额名称	定额单位	数量	单价					合价				
				人工费	材料费	机械费	管理费	利润	人工费	材料费	机械费	管理费	利润
C8-2-4	螺纹阀门安装 *DN*32 以内	个	4	11.33	16.74	0.00	1.46	2.04	45.32	66.96	0.00	5.84	8.16
人工单价		小计							11.33	16.74	0.00	1.46	2.04
110.00 元/工日		未计价材料费							28.28				
清单项目综合单价									59.85				
材料费明细	主要材料名称、规格、型号						单位		数量	单价/元	合价/元	暂估单价/元	暂估合价/元
	螺纹截止阀 J11 T—1.6　*DN*32						台		4.04	28.00	113.12		
	其他材料费												
	材料费小计										28.28		

表 1-44　综合单价分析表

工程名称：广联达办公大厦给水排水安装工程　　　　　　　　　　第 25 页　共 31 页

项目编码	031004014001	项目名称	给水排水附(配)件			计量单位	个		清单工程量	8			
清单综合单价组成明细													
定额编号	定额名称	定额单位	数量	单价					合价				
				人工费	材料费	机械费	管理费	利润	人工费	材料费	机械费	管理费	利润
C8-4-80 ①	塑料地漏安装 *DN*50 以内	10 个	0.8	130.68	10.75	0.00	16.80	23.52	104.54	8.60	0.00	13.44	18.82
人工单价		小计							13.07	1.08	0.00	1.68	2.35
110.00 元/工日		未计价材料费							25.50				
清单项目综合单价									43.68				

	主要材料名称、规格、型号	单位	数量	单价/元	合价/元	暂估单价/元	暂估合价/元
材料费明细	塑料地漏 *DN*50	个	8.00	25.50	204.00		
	其他材料费						
	材料费小计				25.50		

① 使用地漏相应规格定额子目。

表 1-45　综合单价分析表

工程名称：广联达办公大厦给水排水安装工程　　　　　　第 26 页　共 31 页

项目编码	031004003001	项目名称	洗脸盆	计量单位	套	清单工程量	16						
清单综合单价组成明细													
定额编号	定额名称	定额单位	数量	单价					合价				
				人工费	材料费	机械费	管理费	利润	人工费	材料费	机械费	管理费	利润
C8-4-9 ①	普通冷水嘴洗脸盆	10 组	1.6	426.91	81.50	0.00	54.87	76.81	683.06	130.41	0.00	87.79	122.90
人工单价		小计							42.69	8.15	0.00	5.49	7.68
110.00 元/工日		未计价材料费							479.41				
清单项目综合单价									543.42				

	主要材料名称、规格、型号	单位	数量	单价/元	合价/元	暂估单价/元	暂估合价/元
材料费明细	陶瓷节水型洗脸盆②	套	16.16	232.00	3 749.12		
	红外感应水龙头	个	16.16	125.00	2 020.00		
	洗脸盆下水口 *DN*32	个	16.16	50.00	808.00		
	存水弯 *DN*50	个	16.08	68.00	1 093.44		
	其他材料费						
	材料费小计				479.41		

① 根据清单项目特征套用普通冷水嘴洗脸盆定额。

② 在洗脸盆 C8－4－9 子目中含有多个主材项目，需要用到的均要报价，消耗量按照[]内的消耗量计算，所用陶瓷洗脸盆不需要洗脸盆架，略掉盆架主材项目。

表 1-46　综合单价分析表

工程名称：广联达办公大厦给水排水安装工程　　　　第 27 页　共 31 页

项目编码	031004006001	项目名称	大便器					计量单位	套		清单工程量	24	
清单综合单价组成明细													
定额编号	定额名称	定额单位	数量	单价					合价				
				人工费	材料费	机械费	管理费	利润	人工费	材料费	机械费	管理费	利润
C8-4-9	脚踏阀蹲式大便器	10 组	2.4	530.42	575.44	0.00	68.17	95.48	1 273.01	1 381.05	0.00	163.61	229.14
人工单价		小计							53.04	57.54	0.00	6.82	9.55
110.00 元/工日		未计价材料费							338.95				
清单项目综合单价									465.90				
材料费明细	主要材料名称、规格、型号							单位	数量	单价/元	合价/元	暂估单价/元	暂估合价/元
	瓷蹲式大便器							套	24.24	215.00	5 211.60		
	大便器存水弯 *DN*100 瓷							个	24.12	45.00	1 085.40		
	大便器脚踏阀							个	24.24	75.82	1 837.88		
	其他材料费												
	材料费小计										338.95		

表 1-47　综合单价分析表

工程名称：广联达办公大厦给水排水安装工程　　　　第 28 页　共 31 页

项目编码	031004006002	项目名称	大便器					计量单位	套		清单工程量	8	
清单综合单价组成明细													
定额编号	定额名称	定额单位	数量	单价					合价				
				人工费	材料费	机械费	管理费	利润	人工费	材料费	机械费	管理费	利润
C8-4-43	低位水箱坐便器	10 组	0.8	777.26	192.67	0.00	99.89	139.91	621.81	154.14	0.00	79.91	111.93
人工单价		小计							77.73	19.27	0.00	9.99	13.99
110.00 元/工日		未计价材料费							538.33				
清单项目综合单价									659.30				
材料费明细	主要材料名称、规格、型号							单位	数量	单价/元	合价/元	暂估单价/元	暂估合价/元
	低位水箱坐便器							个	8.08	320.00	2 585.60		
	低位 6 L 水箱带配件							个	8.08	110.00	888.80		
	角阀带配件 *DN*15							个	8.08	35.00	282.80		
	坐便器盖板							套	8.08	68.00	549.44		
	其他材料费												
	材料费小计										538.33		

表 1-48　综合单价分析表

工程名称：广联达办公大厦给水排水安装工程　　　　　　　　第 29 页　共 31 页

项目编码	031004007001	项目名称	小便器				计量单位	套	清单工程量	12		
清单综合单价组成明细												
定额编号	定额名称	定额单位	数量	单价					合价			
				人工费	材料费	机械费	管理费	利润	人工费	材料费	机械费	管理费	利润
C8-4-53 ①	普通式立式小便器	10 组	1.2	363.99	112.18	0.00	46.74	65.52	436.79	134.61	0.00	56.09	78.62
人工单价		小计							36.40	11.22	0.00	4.67	6.55
110.00 元/工日		未计价材料费							573.08				
清单项目综合单价									631.92				

	主要材料名称、规格、型号	单位	数量	单价/元	合价/元	暂估单价/元	暂估合价/元
材料费明细	陶瓷立式小便器 W914 A	个	12.12	413.00	5 005.56		
	镀铬小便器存水弯 GD—617 *DN*50②	个	12.06	120.00	1 447.20		
	红外感应小便器冲洗阀 *DN*15	个	12.12	35.00	424.20		
	其他材料费						
	材料费小计				573.08		

① 根据清单项目特征使用相应定额。

② 根据实际情况需要选报主材单价，对小便器安装过程中用到的主材报价，用不到的主材不报价。

表 1-49　综合单价分析表

工程名称：广联达办公大厦给水排水安装工程　　　　第 30 页　共 31 页

项目编码	031004004001	项目名称	洗涤盆					计量单位	套	清单工程量		8	
清单综合单价组成明细													
定额编号	定额名称	定额单位	数量	单价					合价				
				人工费	材料费	机械费	管理费	利润	人工费	材料费	机械费	管理费	利润
C8-4-18	单嘴洗涤盆安装	10 组	0.8	392.04	231.47	0.00	50.38	70.57	313.63	185.17	0.00	40.30	56.45
人工单价		小计							39.20	23.15	0.00	5.04	7.06
110.00 元/工日		未计价材料费							469.40				
清单项目综合单价									543.85				
材料费明细	主要材料名称、规格、型号							单位	数量	单价/元	合价/元	暂估单价/元	暂估合价/元
	陶瓷洗涤盆							套	8.08	320.00	2 585.60		
	水龙头 *DN*15							个	8.04	50.00	402.00		
	排水栓 *DN*50							套	8.08	65.00	525.20		
	存水弯 *DN*50							个	8.08	30.00	242.40		
	其他材料费												
	材料费小计										469.40		

表 1-50　综合单价分析表

工程名称：广联达办公大厦给水排水安装工程　　　　第 31 页　共 31 页

项目编码	031004014002	项目名称	给水排水附(配)件					计量单位	个	清单工程量		8	
清单综合单价组成明细													
定额编号	定额名称	定额单位	数量	单价					合价				
				人工费	材料费	机械费	管理费	利润	人工费	材料费	机械费	管理费	利润
C8-4-87 ①	地面扫除口	10 组	0.8	80.19	1.92	0.00	10.31	14.43	64.15	1.54	0.00	8.25	11.55
人工单价		小计							8.02	0.19	0.00	1.03	1.44
110.00 元/工日		未计价材料费							12.42				
清单项目综合单价									23.11				
材料费明细	主要材料名称、规格、型号							单位	数量	单价/元	合价/元	暂估单价/元	暂估合价/元
	塑料地面扫除口 *De*110							个	8.08	12.30	99.38		
	其他材料费												
	材料费小计										12.42		

① 清扫口都是套用地面扫除口的清单和定额。

（7）总价措施项目清单与计价表（表 1-51）；

表 1-51　总价措施项目清单与计价表①

工程名称：广联达办公大厦给水排水安装工程　　　　　　　　第　页　共　页

序号	项目编码	项目名称	计算基础	费率/%	金额/元	调整费率/%	调整后金额/元	备注
1	031302001001	安全文明施工费	分部分项人工费	26.57	4 112.58			
2	031302002001	夜间施工费	分部分项人工费	0	0			
3	031301017001	二次搬运费	分部分项人工费	0	0			
4	031302005001	冬雨期施工增加费	分部分项人工费	0	0			
5	031302006001	已完工程及设备保护	分部分项人工费	2	309.57			
6	粤 0313009001	文明工地增加费	分部分项人工费	0.2	30.96			
合　计					4 453.10			
注：本表适用于以“项”计价的措施项目。								

（8）其他项目清单与计价汇总表（表 1-52）；

表 1-52　其他项目清单与计价汇总表

工程名称：广联达办公大厦给水排水安装工程

序号	项目名称	金额/元	结算金额/元	备注
1	暂列金额②	10 000.00		明细详见表 1-17
2	暂估价③	0		
2.1	材料暂估价	0	—	
2.2	专业工程暂估价	0		
3	计日工④	5 074.00		明细详见表 1-53
4	总承包服务费	0		
5	索赔与现场签证	0		
合　计				15 074.00
注：材料暂估单价进入清单项目综合单价，此处不汇总。				

① 措施项目清单的编制应考虑多种因素，编制时力求全面。除工程本身因素外，还涉及水文、气象、环境、安全和施工企业的实际情况等所需的措施项目。

② 暂列金额是招标人在工程量清单中暂定并包括在合同价款中的一笔款项。它用于施工合同签订时尚未确定或者不可预见的所需材料、设备、服务的采购，施工中可能发生的工程变更、合同约定调整因素出现时的工程价款调整以及发生的索赔、现场签证确认等的费用。暂列金额由招标人根据工程特点，按有关计价规定进行估算确定，一般可以分部分项工程量清单费的 10%～15%作为参考。本项目在前面总说明里已经说明暂列金额为 1 万元。

③ 暂估价是指招标阶段直至签订合同协议时，招标人在招标文件中提供的用于支付必然要发生但暂时不能确定价格的材料以及需另行发包的专业工程费用。

④ 计日工俗称“点工”，在施工过程中，完成发包人提出的工程合同范围以外的零星项目或工作，按合同中约定的综合单价计价。

(9)计日工表(表 1-53)；

表 1-53　计日工表①

工程名称：广联达办公大厦给水排水安装工程　　　　　　　　　　　　第　页　共　页

编号	项目名称	单位	暂定数量	实际数量	综合单价/元	合价/元	
						暂定	实际
一	人工						
1	油漆工	工日	12		150.00	1 800.00	
2	搬运工	工日	10		150.00	1 500.00	
3							
人工小计						3 300.00	
二	材　料						
1	镀锌圆钢 Φ10	kg	80		4.80	384.00	
2	镀锌钢管 *DN*50	m	100		56.00	560.00	
3							
材　料　小　计						944.00	
三	施工机械						
1	切管套丝机	台班	5		100.00	500.00	
2							
施工机械小计						500.00	
四、企业管理费和利润						330.00	
合　计						5 074.00	
注：此表项目名称、数量由招标人填写，编制招标控制价时，单价由招标人按有关计价规定确定；投标时，单价由投标人自助报价，计入投标总价中。							

(10)规费、税金项目清单与计价表(表 1-54)；

表 1-54　规费、税金项目清单与计价表

工程名称：广联达办公大厦给水排水安装工程　　　　　　　　　　　　第　页　共　页

序号	项目名称	计算基础	计算基数	费率/%	金额/元
1	规费				1 645.02
1.1	工程排污费	分部分项工程费＋措施项目费＋其他项目费	101 240.63	0.10	101.24
1.2	社会保险费	综合工日合计＋技术措施项目综合工日合计	15 478.29	7.48	1 157.78
1.3	住房公积金	综合工日合计＋技术措施项目综合工日合计	15 478.29	1.70	263.13
1.4	危险作业意外伤害保险	综合工日合计＋技术措施项目综合工日合计	15 478.29	0.60	92.87
2	税金(含防洪工程维护费)	分部分项工程费＋措施项目费＋其他项目费＋规费	102 855.65	3.527	3 627.72
合　计					5 272.74

① 此表列出工程合同范围以外需要施工单位提供的人工、材料、机械数量，由施工单位报价。

(11)承包人提供主要材料和工程设备一览表(表1-55)。

表1-55 承包人提供主要材料和工程设备一览表

工程名称：广联达办公大厦给水排水安装工程　　　　第　页　共　页

序号	名称、规格、型号	单位	数量	风险系数/%	基准单价/元	投标单价/元	单价/元	备注
1	钢塑复合管 *DN*70	m	11.76			84.00		
2	钢塑复合管 *DN*50	m	67.00			59.00		
3	钢塑复合管 *DN*40	m	3.80			48.00		
4	钢塑复合管 *DN*32	m	13.84			42.00		
5	钢塑复合管 *DN*25	m	18.24			38.00		
6	UPVC 排水管 *De*110	m	74.08			24.26		
7	螺旋塑料排水管 *De*110	m	48.68			29.00		
8	UPVC 排水管 *De*75	m	8.32			13.09		
9	UPVC 排水管 *De*50	m	52.24			8.80		
10	机制排水铸铁管	m	17.01			68.00		
11	闸阀 Z45 W—10 *DN*100	个	1			970.00		
12	止回阀 H44 W—10 *DN*100	个	1			950.00		
13	橡胶软接头 *DN*100	个	1			250.00		
14	水泵 50 QW(WQ) 10—7—0.75	台	1			1 200.00		
15	闸阀 Z15 W—10 *DN*70	个	1			158.00		
16	截止阀 J11 T—1.6 *DN*50	个	8			35.00		
17	截止阀 J11 T—1.6 *DN*32	个	4			28.00		
18	UVPC 地漏 *De*50	个	8			25.00		
19	普通冷水嘴洗脸盆	套	16			232.00		
20	陶瓷蹲式大便器	套	24			215.00		
21	陶瓷坐式大便器	套	8			320.00		
22	陶瓷立式小便器	套	12			413.00		
23	陶瓷洗涤盆	套	8			320.00		
24	UVPC 清扫口 *De*110	个	8			12.30		

总　结

通过给水排水专业案例工程实训，学生应学会工程量计算、清单编制、控制价编制，懂得要完成一份好的预算，主要应具备以下能力：

(1)会看图纸，了解施工中一般工艺要求，熟悉清单、定额的工程量计算规则，工程量计算精准。

(2)清单编制项目清晰准确，项目特征描述具体、全面。

(3)熟悉定额，用对相应的定额项目，能够了解市场价格信息，不忽视未计价材料的计算。

(4)工程量清单是工程量清单计价的基础，工程量清单应由分部分项工程量清单、措施项目清单、其他项目清单、规费项目清单、税金项目清单组成，缺一不可。

(5)从事造价工作的要求是细致、认真。

项目二

建筑电气照明工程计量与计价实训

能力目标

1. 能够熟练识读电气工程专业工程施工图。
2. 能够依据图纸手工计算电气工程专业工程量。
3. 能够根据清单规范编制电气工程工程量清单。
4. 能够根据已有的工程量清单编制电气工程招标控制价(投标报价)。

知识目标

1. 了解电气工程的系统原理。
2. 熟悉电气工程中的相关图例，掌握手工计算建筑电气工程工程量的方法。
3. 熟悉国家标准《通用安装工程工程量计算规范》(GB 50856—2013)，掌握电气工程量清单的编制步骤、内容。
4. 熟悉广东标准《广东省安装工程综合定额(2010)》，掌握利用定额编制电气工程招标控制价的方法。

知识要点

1. 遵守相关规范、定额和管理规定。
2. 具有严谨的工作作风、较强的责任心和科学的工作态度。
3. 具备良好的语言文字表达能力和沟通协调能力。
4. 爱岗敬业，严谨务实，团结协作，具有良好的职业操守。

一、工程概况

实训任务图纸为“广联达办公大厦”电气照明工程的计量与计价，为了计价方便，设定工程施工地点为广州市市区，建筑物用地概貌属于平缓场地，本建筑为二类多层办公建筑，总建筑面积为 4 745.6 m^2，地下一层，地上四层，建筑高度为 15.2 m。

二、实训任务和目标

(1)计算综合楼电气照明工程工程量。

(2)根据“计算规范”编制“广联达办公大厦”电气照明工程的工程量清单。

(3)按照《广东省安装工程综合定额(2010)》编制“广联达办公大厦”电气照明工程的招标控制价。

三、手工计算电气照明工程工程量

(一)任务说明及解读

(1)按照所给“广联达办公大厦”电气照明施工图，完成本次实训的工作要求，计算工程图纸范围内电气照明管、线，照明器具，小电器等电气照明工程所需的所有工程内容的工程量。

(2)工程图纸识读。读图过程通常先浏览图纸了解工程概况，然后再详细读图。本工程的读图过程如下：

1)浏览图纸，粗略解读系统图、平面图，对工程层数、布局进行大概了解，本工程是一幢地下一层、地上四层的办公型建筑，地下一层布置有自行车库、库房及配电房，地上各层主要是办公室。本工程图纸相对简洁，比较容易读懂，适合作为一周的实训图纸。

2)确定该工程的计算范围。本工程不包括变压器等变电设备，计算从配电室 AA1、AA2 出线开关计算。本次的计算范围是室内电气照明安装工程。

(3)了解计算任务。开始计算之前还需仔细阅读设计说明，掌握电气照明管线各自所用材质、安装方式，电缆采用 YJW－1kV 交联电力电缆，穿焊接钢管，室内普通照明采用 BV 线，穿 PC 塑料管，应急照明采用 NHBV 线，穿焊接钢管暗敷。

(4)计算电气照明工程中各种配电箱、照明灯具、开关、插座等的工程量。

(5)工程量计算表重在条例清晰，应能清楚读懂计算过程。在电气照明工程中，一般配电箱为系统计算配管、配线、灯具等的工程量。工程量计算完成，编制清单之前应该把项目特征一致的汇总，方便清单编制。工程量汇总表重在归类。

(二)工程量计算

根据上面分析的工程量计算范围，完成工程量计算表(表 2-1)，工程量计算式要条理清晰，易读懂，满足多方对数的需要，忌讳长式而无注解。

表 2-1　工程量计算表

序号	项目名称	部位提要	单位	计算式	计算结果	备注
一	RC100[①]	AA1、AA2 的引入管	m	6.08(图示引入管量取，量到 AA1 中心)×4(图示 4 根)(只算了图纸内的尺寸，根据实际取定)	24.32	

① RC 为镀锌钢管，管径为 *DN*100，在说明的计算范围内，本工程引入电缆由电力局安装，本次不计。配管需本安装工程安装，要计算工程量。

续表

序号	项目名称	部位提要	单位	计算式	计算结果	备注
二	地下室桥架①			地下室桥架安装高度为 3.5 m		
1	SR300×100②		m	[3.5−2.2(柜高)]+[6.8(按线槽中心线长度)+4.3+1.43](水平)	13.83	
2	SR200×10	竖井内	m	(4−3.5)(地下室部分)+11.4(第四层地面)+(1.3+1)(第四层 AL4 箱顶)	14.2	
3	SR100×50		m	39.94(量到配电箱中心)+(3.5−0.85−2)(QSB−AC 箱顶)+1.97+(3.5−0.6−1.5)③(AP−RD 箱顶)+(2.24+2.86+0.75)(排烟机房)+(3.5−0.8−2)(AC−PY−BF1 箱顶)	50.51	
三	配电箱 AA1④支路			规格为 800×2 200×800，落地安装		
1	YJV-4×25+1×16⑤	AA1→ADL1：1 WLM1	m	[2(与 AA1 连接预留)+1.5(终端头预留)+(3.5−2.2)+(6.0+4.3+1.43)(水平)+(3.5−1−1.3)(ALD1 箱顶部分)+1.5(终端头)+2(ALD1 预留)]×(1−2.5%)	21.76	
2	YJV-4×25+1×16 电缆终端头		个	2	2	
3	SC50		m	[3.5−1(ALD1 箱高)−1.3(ALD1 箱安装高度)](ALD1 箱顶垂直部分)	1.2	

---

① SR100×300 的安装高度为 3.5 m，图纸注明的线槽安装高度为梁顶下 0.1 m，AA1 配电柜的规格为 800 mm×2 200 mm×800 mm，落地安装。

② 桥架规格以断面宽×高(300 mm×100 mm)表示。

③ AP−RD 箱高为 0.6 m，安装高度为 1.5 m。

④ 在电气工程量计算过程中，以配电箱为单位计算，计算完成一个配电箱供电范围内的工程量，再计算另一个配电箱的工程量。AA1 配电柜的规格为 800 mm×2 200 mm×800 mm。

⑤ 电缆长度计算，电缆工程量=(水平长度+垂直长度+预留长度)×(1+2.5%)。电缆预留长度按表 2-2 计算。

表 2-2　电缆敷设的附加长度

序号	项　目	预留长度(附加)	说　明
1	电缆敷设弛度、波形弯度、交叉	2.5%	按电缆全长计算
2	电缆进入建筑物	2.0 m	规范规定最小值
3	电缆进入沟内或吊架时引上(下)预留	1.5 m	规范规定最小值
4	变电所进线、出线	1.5 m	规范规定最小值
5	电力电缆终端头	1.5 m	检修余量最小值
6	电缆中间接头盒	两端各留 2.0 m	检修余量最小值
7	电缆进控制、保护屏及模拟盘等	高+宽	按盘面尺寸
8	高压开关柜及低压配电盘、箱	2.0 m	盘下进出线
9	电缆至电动机	0.5 m	从电机接线盒起算
10	厂用变压器	3.0 m	从地坪起算
11	电缆绕过梁柱等增加长度	按实计算	按被绕物的断面情况计算增加长度
12	电梯电缆与电缆架固定点	每处 0.5 m	规范最小值

续表

序号	项目名称	部位提要	单位	计算式	计算结果	备注
4	YJV-4×35+1×16	AA1→AL1：1 WLM2	m	[2(与AA1连接预留)+1.5(终端头预留)+(3.5−2.2)+(6.0+4.3+1.43)(水平)+(1+1)(AL1安装高度)①+1.5(终端头)+2(ALD1预留)]×(1+2.5%)	22.58	
5	YJV-4×35+1×16电缆终端头		个	2	2	
6	YJV-4×35+1×16	AA1→AL2：1 WLM3	m	[2(与AA1连接预留)+1.5(终端头预留)+(3.5−2.2)(AA1箱上垂直段长度)+(6.0+4.3+1.43)(水平)+3.8(引到第二层地平)+(1+1)(AL2安装高度)+1.5(终端头)+2(AL2预留)]×(1+2.5%)	26.48	
7	YJV-4×35+1×16电缆终端头		m	2	2	
8	YJV-4×35+1×16	AA1→AL3：1 WLM4	m	[2(与AA1连接预留)+1.5(终端头预留)+(3.5−2.2)(AA1箱上垂直段长度)+(6.0+4.3+1.43)+7.6(第三层地平)+(1+1.3)(AL3安装高度)+1.5(终端头)+2(AL3预留)]×(1+2.5%)	30.68	
9	YJV-4×35+1×16电缆终端头		个	2	2	
10	YJV-4×35+1×16	AA1→AL4：1 WLM5	m	[2+1.5+(3.5−2.2)(解释同1 WLM4支路)+(6.0+4.3+1.43)+11.4(第四层地平)+(1+1.3)(AL3安装高度)+1.5+2]×(1+2.5%)	34.57	
11	YJV-4×35+1×16电缆终端头		个	2	2	
12	SC20	1 WLM9②	m	(4−3.5)(桥架内没有保护管，配管从桥架2开始计算)+(1.22+4.8+3.84×2)从平面图量取③	14.2	穿三线
13	SC20		m	[1.5④+(4−1.3)]×2(开关上垂直到层高)⑤		穿四线

① 考虑电缆从箱顶进入配电箱。

② 配电箱AA11 WLM6、1 WLM7、1 WLM8为备用支路暂时不用计算。

③ 管线长度应量到灯具中心。荧光灯为吊链式荧光灯，从屋顶垂下的电线不需计算，已经包括在荧光灯具的安装定额之内。

④ 开关为暗装开关，实际是嵌入墙内的，水平尺寸要量到墙中心。

⑤ 配电室开关垂直部分的电线根数与水平部分相同。

续表

序号	项目名称	部位提要	单位	计算式	计算结果	备注
14	NHBV-2.5①(线槽)	1 WLM9②	m	[(0.8+2.2)(AA2 箱内预留)+(3.5−2.2)(AA1 上垂直部分)+2.5(桥架内)]×3	20.4	
	NHBV-2.5(穿管)			14.2③×3+8.4×4	76.2	
15	三极开关		个	2	2	
16	吊链式双管荧光灯		个	6	6	
17	SC25④(穿管)	1 WLM10	m	1.65+4.87+0.3×3(插座沿墙垂直立管)	7.42	
18	NHBV−4		m	[(0.8+2.2)+7.42]×3⑤	31.26	
19	单相二三极插座		个	2	2	
20	SC20	1 WLM11	m	(11.2+2.2−1.3)×2(立管)+(0.74+0.73)×4×2(各层水平)+3.56(地下室水平)	39.52	
21	NHBV-2.5(线槽)		m	[(0.8+2.2)(预留)+(3.5−2.2)+(6.0+4.3+1.43)]×3	48.09	
22	NHBV-2.5(穿管)			39.52×3	118.56	
23	灯头座		个	2×5	10	
24	单极开关		个	2×5	10	
四	AA2 箱			800×2 200×800　**落地安装**		

---

① 在图纸中，1 WLM9 表示电线为 NHBV−3×2.5，3 所表示的是电线根数，该支路配有火线、零线、接地保护线，所用电线的型号规格为 NHBV-2.5。工程量计算规则：(配管长度+预留长度)×同截面电线根数。电线的预留长度按表 2-3 计算。

表 2-3　配线进入开关箱、柜、板的预留线(每一根线)

序号	项　目	预留长度	说明
1	各种开关、柜、板	宽+高	盘面尺寸
2	单独安装(无箱、盘)的铁壳开关、闸刀开关、启动器、线槽进出线盒	0.3 m	从安装对象中心算起
3	由地面管子出口引至动力接线箱	1.0 m	从管口计算
4	电源与管内导线连接(管内穿线与软、硬母线接点)	1.5 m	从管口计算
5	出户线	1.5 m	从管口计算

② 配电箱 AA11WLM6、1 WLM7、1 WLM8 为备用支路暂时不用计算。

③ 直接应用穿管数据。

④ 敷设方式沿墙、沿地板敷设。

⑤ 插座回路均为三条线，不会变换电线根数。

续表

序号	项目名称	部位提要	单位	计算式	计算结果	备注
1	SC50①	→WD—DT电梯配电箱 2 WLM1	m	(3.8−1.3−1)(四层垂直部分)+8.3②(电梯房内水平)	9.8	WD—DT落地
2	YJV-4×25+1×16		m	[(2+1.5)+(3.5−2.2)+(6.0+4.3+1.43)+0.5+15.2+8.3+(2+1.5)]×(1+2.5%)	45.13	
3	YJV-4×25+1×16终端头		个	2	2	
4	YJV-5×6	→QSB—AC 2 WLM3	m	[(2+1.5)(AA2预留)+(3.5−2.2)+6.0+44.25+(3.5−2−0.85)+(2+1.5)]×(1+2.5%)	60.68	
5	YJV-5×6终端头		个	0③	0	
6	YJV-5×16	→AP—RP 2 WLM4	m	[(2+1.5)(AA2预留)+(3.5−2.2)+(6.0+5.5+2.0)+(3.5−0.6−1.5)+(2+1.5)(AP−RD预留)]×(1+2.5%)	23.78	
7	YJV-5×16终端头		个	2	2	
8	YJV-5×16	→AC—PY 2 WLM5	m	[(2+1.5)(AA2预留)+(3.5−2.2)+(5.4+2.25+2.9+0.75)+(3.5−0.6−1.5)+(2+1.5)(AC−PY−BF1预留)]×(1+2.5%)	21.53	
9	YJV-5×16终端头		个	2	2	
10	YJV-5×4	→AC—SF 2 WLM6	m	[(2+1.5)(AA2预留)+(3.5−2.2)+(5.4+2.25+2.9+0.75)+(3.5−0.6−1.5)+(2+1.5)(AC−SF−BF1预留)]×(1+2.5%)	21.53	
11	YJV-5×4终端头		个	0③	0	

① 共用AA1的金属桥架，SC50管从第四层没有桥架开始计算。

② 图纸没有画出到WD—DT的配电线路，但WD—DT落地安装，考虑配管沿电梯机房地板敷设。

③ 芯线截面10 mm^2 以下不需要制作终端头，可以像电线一样连接。

续表

序号	项目名称	部位提要	单位	计算式	计算结果	备注
五	ALD1 配电箱			800×1 000×200 距地 1.3 m 明装		
1	SC20 暗敷	WLZ1 应急照明	m	(4−3.5)+1.74①+1.96+9.11+2.95+2.17+18.17+1.67+10.45+3.83)(水平)+(4−2.5)×11②	69.05	
2	NHBV-2.5(线槽)		m	[(1+0.8)(ALD1 预留)+(3.5−1−1.3)(ALD1 上进入桥部分)+(1.56+2.8)]×3(三根)	22.08	
	NHBV-2.5(穿管)		m	69.05×3	207.15	
3	壁灯		个	6	6	安装高 2.5
4	SC20 暗敷	WLZ2 疏散指示	m	(4−3.5)+(1.75++9.95+3+6.37+1.47+17.36+4.08+14.23+0.89)(水平)+[(4−0.5)×2+(4−2.2)×2+(4−2.5)×3③](各灯具垂直管)	74.7	
5	NHBV-2.5(线槽)		m	[(1+0.8)(ALD1 预留)+(3.5−1−1.3)(ALD1 上进入桥部分)+(1.56+3.58)(桥架内)]×3(三根)	24.42	
6	NHBV-2.5(穿管)		m	74.7(配管数据)×3	224.1	
7	单向疏散指示灯		个	4	4	
8	安全出口指示灯		个	2	2	明装 2.2
9	PC20	WLZ3	m	(4−3.5)0.85+25+4.95×3	41.2	
10	BV-2.5(线槽)		m	[(1+0.8)+(3.5−1−1.3)+(1.56+3.05)]×3	22.83	
11	BV-2.5(穿管)			41.2×3	123.6	
12	吸顶灯		个	2	2	吸顶
13	单管荧光灯			6	6	吊链
14	PC20	WLZ4	m	(4−3.5)+5.85+3.0+(4−1.3)(开关垂直管段)	12.05	
15	BV-2.5(线槽)		m	[(1+0.8)+(3.5−1−1.3)+(1.56+6.21)]×3	32.31	
16	BV-2.5(穿管)		m	[(4−3.5)+5.85]×3+[3+(4−1.3)]×2(单极开关穿 2 根线)	30.45	
17	圆形吸顶灯		个	2	2	
18	单极开关		个	1	1	

① 金属桥架内是没有配管的，电线保护管设置在金属线槽外，壁灯的垂直管暗敷在墙壁内，所以水平线要量取墙中心。下同。

② 在配管过程中，水平管是敷设在楼板内的，不能用接线盒分支，向下引到 2.5 m 壁灯处时一上一下两根配管，线路末端是一根立管。所以 6 盏灯，立管是 11 根。

③ 管吊式出口指示灯，从楼板灯头盒接线，只需一条立管即可。

续表

序号	项目名称	部位提要	单位	计算式	计算结果	备注
19	PC20	WLZ5	m	(4－3.5)＋5.9＋4.6＋(4－1.3)(开关)＋6.9＋3.42	24.02	
20	BV-2.5(线槽)		m	[(1＋0.8)＋(3.5－1－1.3)＋(1.56＋21.86)(桥架内)]×3	79.26	
21	BV-2.5(穿管)		m	24.02×3	72.06	
22	单管荧光灯		个	4	4	吊链式
23	双极开关		个	1	1	
24	PC20(3线)	WLZ6	m	(4－3.5)＋8.34＋2.46＋7.12＋3.45×3	28.77	
25	PC20(4线)		m	2.48＋(4－1.3)＋7.12	12.3	
26	BV-2.5(线槽)		m	[(1＋0.8)＋(3.5－1－1.3)＋(1.56＋5.65)(桥架内)]×3	30.63	
27	BV-2.5(穿管)		m	28.77×3＋12.3×4	135.51	
28	单管荧光灯		个	6	6	
29	三极开关		个	1	1	
30	PC20	WLZ7	m	(4－3.5)＋9.07＋9.18×2＋4.6	32.53	
31	BV-2.5(线槽)		m	[(1＋0.8)(预留)＋(3.5－1－1.3)＋(1.56＋28.2)]×3	98.28	
32	BV-2.5(穿管)		m	32.53×3	97.59	
33	单管荧光灯		个	8	8	
34	PC20	WLZ8	m	(4－3.5)＋5.9＋2.5＋(4－1.3)＋5.76＋6.43＋1.32＋2.52＋(4－1.3)＋4.10	34.43	
35	BV-2.5(线槽)		m	[(1＋0.8)＋(3.5－1－1.3)＋(1.56＋28.2)(桥架内)]×3	98.28	
36	BV-2.5(穿管)		m	34.43×3	103.29	
37	单管荧光灯		个	4	4	
38	双管荧光灯		个	2	2	
39	双极开关		个	2	2	
40	PC20	WLZ9	m	(4－3.5)＋1.67＋15.2(立管)＋6.53＋1.46＋(15.2－2－1.3)(立管)＋1.02×3＋1.52×3	44.88	穿3线
41	PC20		m	1.02＋(4－1.3)＋(3.8－1.3)×4＋1.52＋(3.8－1.3)×4	25.24	穿2线
42	BV-2.5(线槽)		m	[(1＋0.8)＋(3.5－1－1.3)＋(1.56＋9.71)(桥架内)]×3	42.81	
43	BV-2.5(穿管)		m	44.88×3＋25.24×2	185.12	
44	圆形吸顶灯		个	12(一直到电梯房)	12	
45	单极开关		个	12	12	
六	AC-SF-BF1			600×800×200 距地 2.0		
1	SC32	WP1	m	2.0＋2.8＋0.3	5.1	
2	BV-10(穿管)		m	[(0.6＋0.8)＋5.1]×4	26.0	
七	AC-PY-BF1			600×800×200 距地 2.0		
1	SC15	WP1	m	2.0＋0.5＋2.0＋2.5＋0.3	7.3	
2	BV-2.5(穿管)		m	[(0.6＋0.8)＋7.3]×4	34.8	

续表

序号	项目名称	部位提要	单位	计算式	计算结果	备注
八	AL1 配电箱照明			800×1 000×200 距地 1.0 明装		
1	SR200×100 高 3.2	一层	m	(3.2−1−1)(AL1 上垂直部分)+1.36+49.0	51.56	×2（二层）
2	SR100×50 高 3.2		m	0.8+(3.2−0.6−1.2)(AL1−1 上垂直段)	2.2	
3	SC20	WLZ1	m	(3.8−3.2)+(1.84+10.43+9.48+3.3+2.32+19.3+2.37)(平面量取)+(3.8−2.5)×9(壁灯立管)	61.34	
4	NHBV-2.5(线槽)		m	[(1−0.8)(电线预留)+(3.2−1−1)(AL1 上垂直部分)+(1.36+3.4)(桥架内)]×3(三根线)	18.48	
5	NHBV-2.5(穿管)		m	61.34(管长)×3	184.02	
6	壁灯			5	5	
7	SC20	WLZ2	m	(3.8−3.2)+1.82+(3.8−0.5)×2+0.7+8.6++9.1+(3.8−2.2)+1+8.9+25.72+1.1+(3.8−0.5)(末端疏散指示灯)	69.04	
8	NHBV-2.5(线槽)		m	[(1−0.8)+(3.2−1−1)+(1.36+4.34)(桥架内)]×3	21.3	
9	NHBV-2.5(穿管)		m	69.04×3(三根线)	207.12	
10	单向疏散指示灯		个	2	2	壁装 0.3 m
11	安全出口指示灯		个	1	1	
12	PC20(3 线)	WLZ3	m	(3.8−3.2)+0.6++45.28+2.94+3.53	52.95	×3 AL2−WLZ3 AL4−WLZ3
13	PC20(2 线)		m	1.2+3.07+2.85+1.3+(3.8−1.3)(开关)×4	18.42	
14	BV-2.5(线槽)		m	[(1−0.8)+(3.2−1−1)+(1.36+0.64)(桥架内)]×3	10.2	
15	BV-2.5(穿管)		m	52.95×3(3 根线)+18.42×2(2 根线)	195.69	
16	圆形吸顶灯		个	13	13	
17	单极开关		个	4	4	
18	PC20(3 线)	WLZ4	m	(3.8−3.2)+1.99+4.55+3.6+2.23×3	17.43	×2（二层 AL2−WLZ4
19	PC20(4 线)		m	[1.7+(3.8−1.3)+2.22]×2	12.84	
20	BV-2.5(线槽)		m	[(1−0.8)+(3.2−1−1)+(1.36+3.93)(桥架内)]×3	20.07	
21	BV-2.5(穿管)		m	17.43×3+12.84×4	103.65	
22	双管荧光灯		个	8	8	
23	三极开关		个	2	2	
24	PC20(3 线)	WLZ5	m	(3.8−3.2)+3.22+2.22×2+9.55+2.74+1.7+(3.8−1.3)(双极开关)	24.75	×3 AL2−WLZ5 AL2−WLZ4
25	PC20(4 线)		m	[1.6+(3.8−1.3)(三极开关)+2.2]×2	12.6	
26	BV-2.5(线槽)		m	[(1−0.8)+(3.2−1−1)+(1.36+1.08)(桥架内)]×3	11.52	
27	BV-2.5(穿管)		m	24.75×3+12.6×4	124.65	
28	双管荧光灯		个	8	8	
29	三极开关		个	2	2	
30	双极开关		个	1	1	

续表

序号	项目名称	部位提要	单位	计算式	计算结果	备注
31	PC20(3线)	WLZ6	m	(3.8－3.2)＋2.08＋3.54×3＋2.4	15.7	×4 AL2—WLZ7 AL3—WLZ6 AL4—WLZ5
32	PC20(4线)		m	2.4＋1.54＋(3.8－1.3)(三极开关)	6.44	
33	BV-2.5(线槽)		m	[(1－0.8)＋(3.2－1－1)＋(1.36＋12.47)(桥架内)]×3	45.69	
34	BV-2.5(穿管)		m	15.7×3＋6.44×4	72.86	
35	双管荧光灯		个	6	6	
36	三极开关		个	1	1	
37	PC20(3线)	WLZ7	m	(3.8－3.2)＋1.6＋3.59＋(2.44＋1)×2	12.67	×4 AL2—WLZ9 AL3—WLZ7 AL4—WLZ6
38	PC20(2线①)		m	[1＋(3.8－1.3)]×2	7.00	
39	PC20(4线)		m	[2.71＋1.6＋(3.8－1.3)]×2(男女厕)	13.62	
40	BV-2.5(线槽)		m	[(1－0.8)＋(3.2－1－1)＋(1.36＋19.72)(桥架内)]×3	67.44	
41	BV-2.5(穿管)		m	12.67×3＋7×2＋13.62×4	106.49	
42	防水防尘灯			6	6	
43	三极开关			2	2	
44	单极开关			2	2	
45	排风扇接线盒			2	2	
46	PC20(3线)	WLZ8	m	(3.8－3.2)＋3.28＋9.55＋2.2×2＋2.8＋1.7＋(3.8－1.3)	24.83	×3 AL2—WLZ10 AL4—WLZ7
47	PC20(4线)		m	[1.6＋(3.8－1.3)＋2.2]×2	12.6	
48	BV-2.5(线槽)		m	[(1－0.8)＋(3.2－1－1)＋(1.36＋27.37)(桥架内)]×3	90.39	
49	BV-2.5(穿管)		m	24.83×3＋12.6×4	124.89	
50	双管荧光灯		个	8	8	
51	三极开关		个	2	2	
52	双极开关		个	1	1	
53	PC20	WLZ9	m	1.7＋1.14＋(3.8－1.3)	5.34	
54	BV-2.5(线槽)		m	[(1－0.8)＋(3.2－1－1)＋(1.36＋38.05)(桥架内)]×3	122.43	
55	BV-2.5(穿管)		m	1.7×3＋[1.14＋(3.8－1.3)]×2	12.38	
56	圆形吸顶灯		个	1	1	
57	单极开关		个	1	1	
58	BV-10②(线槽)	WL1	m	{[(3.2－1－1)＋(1.36＋28.11＋0.8)＋(3.2－0.6－1.2)](桥架内)＋[(1－0.8)＋(0.4＋0.6)](配线预留)}×3	102.21	×3 AL2—WL1 AL4—WL2

① 和单极开关的连接线是2根。

② 电线规格为BV—10，5表示的是根数。

续表

序号	项目名称	部位提要	单位	计算式	计算结果	备注
九	AL1 配电箱插座			800×1 000×200 距地 1.0 明装(AL2 配电箱插座支路同)		
1	PC25	WLC1	m	2.58[1]+3.2(沿墙垂直到地板)[2]+1.9+0.3×3	8.58	×4 AL2—WLC1 AL3—WLC1 AL4—WLC1
2	BV-4(线槽)		m	[(1−0.8)+(3.2−1−1)(箱上)+(1.36+20.46)]×3	69.66	
3	BV-4(穿管)		m	8.58×3	25.74	
4	防水插座		个	2	2	
5	PC25	WLC2	m	0.58[3]+3.2+4.93+4.47+0.3×5	14.68	×2 二层 AL2—WLC2
6	BV-4(线槽)		m	[(1−0.8)+(3.2−1−1)+(1.36+7.68)(桥架内)]×3	31.32	
7	BV-4(穿管)		m	14.68×3	44.04	
8	单相二三极插座		个	3	3	
9	PC25	WLC3	m	0.58+3.2+6.32+6.12+0.3×5	17.72	×2 AL2—WLC3
10	BV-4(线槽)		m	[(1−0.8)+(3.2−1−1)+(1.36+4.04)(桥架内)]×3	20.4	
11	BV-4(穿管)		m	17.72×3	53.16	
12	单相二三极插座		个	4	4	
13	PC25	WLC4	m	3.2+4.82+14.46+0.3×11	25.78	×3 AL2—WLC4 AL4—WLC2
14	BV-4(线槽)		m	[(1−0.8)+(3.2−1−1)+(1.36)(桥架内)]×3	8.28	
15	BV-4(穿管)		m	25.78×3	77.34	
16	单相二三极插座		个	6	6	
17	PC25	WLC5	m	3.2+0.58++5.57+4.39+5.55+0.3×7	21.39	×4 AL2—WLC5 AL3—WLC3 AL4—WLC3
18	BV-4(线槽)		m	[(1−0.8)+(3.2−1−1)+(1.36+15.12)(桥架内)]×3	53.64	
19	BV-4(穿管)		m	21.39×3	64.17	
20	单相二三极插座		个	4	4	
21	PC25	WLC6	m	3.2+4.82+14.64+0.3×11	25.96	×3 AL2—WLC6 AL4—WLC4
22	BV-4(线槽)		m	[(1−0.8)+(3.2−1−1)+(1.36+25.35)(桥架内)]×3	84.33	
23	BV-4(穿管)		m	25.96×3	77.88	
24	单相二三极插座		个	6	6	

① 插座为暗装插座，嵌入墙里，配管应量取到墙内。

② 插座支路的敷设方式是 FC 沿地板暗敷，桥架安装高度为 3.2 m，要先沿墙敷设到地板。

③ 插座暗装，配管量取到墙中心。

续表

序号	项目名称	部位提要	单位	计算式	计算结果	备注
25	PC25	WLK1	m	(3.8−3.2)+4.5+3.54(量到墙内)+(3.8−2.5)①	9.94	
26	BV-4(线槽)		m	[(1−0.8)+(3.2−1−1)+(1.36+8.16)(桥架内)]×3	32.76	
27	BV-4(穿管)		m	9.94×3	29.82	
28	PC25	WLK2	m	(3.8−3.2)+5.43+1.28+(3.8−2.5)	8.61	
29	BV-4(线槽)		m	[(1−0.8)+(3.2−1−1)+(1.36+5.28)(桥架内)]×3	24.12	
30	BV-4(穿管)		m	8.61×3	25.83	
31	PC25	WLK3	m	(3.8−3.2)+6.28+1.03+(3.8−2.5)	9.21	×3 AL2−WLK2 AL4−WLK1
32	BV-4(线槽)		m	[(1−0.8)+(3.2−1−1)+(1.36+5.28)(桥架内)]×3	24.12	
33	BV-4(穿管)		m	9.21×3	27.63	
34	PC25	WLK4	m	(3.8−3.2)+5.97+1.63+(3.8−2.5)	9.5	×3 AL2−WLK3 AL4−WLK2
35	BV-4(线槽)		m	[(1−0.8)+(3.2−1−1)+1.36(桥架内)]×3	8.28	
36	BV-4(穿管)		m	9.5×3	28.5	
37	PC25	WLK5	m	(3.8−3.2)+5.65+1.4+(3.8−2.5)	8.95	×4 AL2−WLK4 AL3−WLK2 AL4−WLK3
38	BV-4(线槽)		m	[(1−0.8)+(3.2−1−1)+(1.36+11.67)(桥架内)]×3	43.29	
39	BV-4(穿管)		m	8.95×3	26.85	
40	PC25	WLK6	m	(3.8−3.2)+6.0+1.65+(3.8−2.5)	9.55	×3 AL2−WLK5 AL4−WLK4
41	BV-4(线槽)		m	[(1−0.8)+(3.2−1−1)+(1.36+28.44)(桥架内)]×3	93.6	
42	BV-4(穿管)		m	9.55×3	28.65	
43	PC25	WLK7	m	(3.8−3.2)+6.3+1.03+(3.8−2.5)	9.23	×3 AL2−WLK6 AL4−WLK5
44	BV-4(线槽)		m	[(1−0.8)+(3.2−1−1)+(1.36+33.72)(桥架内)]×3	109.44	
45	BV-4(穿管)		m	9.23×3	27.69	
46	单相三极插座 16 A		个	9(一层)+7(二层)+1(三层)+7(四层)	24	

① 配管从金属桥架引上走顶棚暗敷到插座。

续表

序号	项目名称	部位提要	单位	计算式	计算结果	备注
十	AL1－1 配电箱			400×600×140 距地 1.2 明装(AL2－1、AL4－2 相同)		
1	PC20(3 线)	WL1－1	m	(3.8－1.2－0.6)＋1.25＋2.5＋8.23×3	30.44	×3 AL2－1、AL4－2
2	PC20(4 线)		m	1.25＋(3.8－1.3)＋2.5	6.25	
3	BV-2.5(穿管)		m	[(0.4＋0.6)(电线预留)＋30.44]×3＋6.25×4	119.32	
4	双管荧光灯		个	6(吊链式)	6	
5	单管荧光灯		个	3(吊链式)	3	
6	三极开关		个	1	1	
7	PC25	WL1－2	m	1.2(配电箱下立管)＋0.82＋5.17＋4.84＋0.3×5	13.53	
8	BV-4(穿管)		m	[(0.4＋0.6)＋13.53]×3	43.59	
9	PC25	WL1－3	m	1.2＋3.26＋6.2＋5.8＋0.3×5	17.96	
10	BV-4(穿管)		m	[(0.4＋0.6)＋17.96]×3	56.88	
11	PC25	WL1－4	m	1.2＋4.2＋3.47＋0.3	9.17	
12	BV-4(穿管)		m	[(0.4＋0.6)＋9.17]×3	30.51	
13	单相三极插座 20 A		个	1	1	
14	单相二三极插座		个	6	6	
十一	AL2 配电箱照明			800×1 000×200 距地 1 m 明装(其余与 AL1 配电箱相同)		
1	SC20	WLZ1	m	(3.8－3.2)＋(1.84＋9.05＋4.42＋2.9＋7.3＋2.3＋16.4)(平面量取)＋(3.8－2.5)×7(壁灯立管)	53.91	×2 四层 AL4－WLZ1
2	NHBV-2.5(线槽)		m	[(1－0.8)(电线预留)＋(3.2－1－1)(AL1 上垂直部分)＋(1.36＋3.4)(桥架内)]×3(三根线)	18.48	
3	NHBV-2.5(穿管)		m	53.91(管长)×3	161.73	
4	壁灯			4	4	
5	SC20	WLZ2	m	(3.8－3.2)＋1.82＋(3.8－0.5)×2＋2.2＋10.7＋1.45＋(3.8－2.2)×2＋1＋24＋2.52＋(3.8－0.5)×2＋5.5＋2＋(3.8－2.2)(末端安全出口指示灯)＋(3.8－0.5)＋[(7.46＋1.4)＋(3.8＋4－2.2)](大厅上方)	87.55	×2 四层 AL4－WLZ2
7	NHBV-2.5(线槽)		m	[(1－0.8)＋(3.2－1－1)＋(1.36＋4.34)(桥架内)]×3	21.3	
8	NHBV-2.5(穿管)		m	87.45×3(三根线)	262.35	
9	单向疏散指示灯		个	2	2	
10	双向疏散指示灯			1	1	
11	安全出口指示灯		个	3	3	
12	PC20(4 线)	WLZ6	m	3.3＋2.2＋(3.8＋4－1.3)(开关在一层大厅)	12	
13	PC20(3 线)		m	(3.8－3.2)＋2.2＋1＋3.3＋3.6×3	17.9	
14	BV-2.5(线槽)		m	[(1－0.8)＋(3.2－1－1)＋(1.36＋4.7)(桥架内)]×3	22.38	
15	BV-2.5(穿管)		m	17.9×3＋12×4	101.7	
16	双管荧光灯		个	9	9	
17	三极开关		个	1	1	

续表

序号	项目名称	部位提要	单位	计算式	计算结果	备注
18	PC20(4线)	WLZ8	m	3.9＋3.3＋2.0＋(3.8＋4－1.3)(开关在一层大厅)	15.7	
19	PC20(3线)		m	(3.8－3.2)＋3＋3.6×3	14.4	
20	BV-2.5(线槽)		m	[(1－0.8)＋(3.2－1－1)＋(1.36＋15.88)(桥架内)]×3	55.92	
21	BV-2.5(穿管)		m	14.4×3＋15.7×4	106	
22	双管荧光灯		个	9	9	
23	三极开关		个	1	1	
24	PC20	WLZ11	m	(3.8－3.2)＋6.63＋[1.1＋(3.8－1.3)]×3＋(15.2－7.8)①＋[1.5＋(3.8－1.3)]×3＋(15.2－7.8－3.8/2)	42.93	
25	BV-2.5(线槽)		m	[(1－0.8)＋(3.2－1－1)＋(1.36＋38.05)(桥架内)]×3	122.43	
26	BV-2.5(穿管)		m	42.93×3	128.79	
27	吸顶灯		个	2×3(二～四层)	6	
28	单极开关		个	2×3(二～四层)	6	
十二	AL2配电箱插座			800×1 000×200距地1.0明装(插座其余支路与AL1相同部分已在上面注明不重复计算)		
1	PC25	WLK1	m	(3.8－3.2)＋4.5＋6.2(量到墙内)＋(3.8－2.5)②	12.6	
2	BV-4(线槽)		m	[(1－0.8)＋(3.2－1－1)＋(1.36＋5.24)(桥架内)]×3	24	
3	BV-4(穿管)		m	12.6×3	37.8	
4	单相三极插座20 A		个	1	1	
十三	AL3配电箱照明			800×1 000×200距地1.3明装		
1	SR200×100	WLZ1	m	(3.2－1－1.3)＋1.4＋38.3	40.6	高3.2
2	SR100×50		m	2.04＋(3.2－0.6－1.2)＋2＋(3.2－0.6－1.2)	6.84	
3	SC20		m	(3.8－3.2)＋(2.05＋1.86＋0.5＋8.2＋4.2＋2.9＋7.4＋2.2＋16.34)(水平)＋(3.8－2.5)×7	55.35	
4	NHBV-2.5(线槽)		m	[(1.0＋0.8)(预留)＋(3.2－1－1.3)(AL3箱上垂直段)＋1.35]×3	12.15	
5	NHBV-2.5(穿管)		m	55.35×3	166.05	
6	壁灯		个	4	4	高2.5
7	SC20	WLZ2	m	(3.8－3.2)＋(1.6＋1.3＋8.08＋1.4＋1.1＋24.0＋2.33＋5.74＋2.0)(水平)＋(3.8－2.2)×5(安全出口指示灯立管)＋(3.8－0.3)×3(疏散指示灯立管)	66.65	
8	NHBV-2.5(线槽)		m	[(1.0＋0.8)＋(3.2－1－1.3)＋2.28(桥架内)]×3	14.94	
9	NHBV-2.5(穿管)		m	66.65×3	199.95	
10	单向疏散指示灯		个	1	1	高0.3

① 该支路负责二～四层楼梯间的照明灯具，计算到顶层屋面。

② 配管从金属桥架引上走顶棚暗敷到插座。

续表

序号	项目名称	部位提要	单位	计算式	计算结果	备注
11	双向疏散指示灯		个	1	1	
12	安全出口指示灯		个	3	3	高 2.2
13	PC20	WLZ3	m	(3.8−3.2)+1.83+4.52+3.11+6.43+2.90+31.76+1.24×2×(3.8−1.3)×7	94.55	
14	BV-2.5(线槽)		m	[(1.0+0.8)+(3.2−1−1.3)+(1.36+0.64)(桥架内)]×3	14.1	
15	BV-2.5(穿管)		m	94.55×3	283.65	
16	圆形吸顶灯		个	11	11	
17	单极开关		个	5	5	
18	PC20(3 线)	WLZ4	m	(3.8−3.2)+8.46+3.33×3	19.05	
19	PC20(4 线)		m	1.2+(3.8−1.3)	3.7	
20	BV-2.5(线槽)		m	[(1.0+0.8)+(3.2−1−1.3)+(1.36+9.88)(桥架内)]×3	41.82	
21	BV-2.5(穿管)		m	19.05×3+3.7×4	71.95	
22	双管荧光灯		个	7	7	
23	三极开关		个	1	1	
24	PC20(3 线)	WLZ5	m	(3.8−3.2)+8.25+3.3×2+1.82×2+4.9+1.2+(3.8−1.3)×2	30.19	
25	BV-2.5(线槽)		m	[(1.0+0.8)+(3.2−1−1.3)+(1.36+12.57)(桥架内)]×3	49.89	
26	BV-2.5(穿管)		m	30.19×3	90.57	
27	双管荧光灯		个	8	8	
28	双极开关		个	2	2	
29	PC20(3 线)	WLZ8	m	(3.8−3.2)+8.46+3.33×3	19.05	
30	PC20(4 线)		m	1.2+(3.8−1.3)	3.7	
31	BV-2.5(线槽)		m	[(1.0+0.8)+(3.2−1−1.3)+(1.36+19.77)(桥架内)]×3	71.49	
32	BV-2.5(穿管)		m	19.05×3+3.7×4	71.95	
33	双管荧光灯		个	7	7	
34	三极开关		个	1	1	
35	PC20(3 线)	WLZ9	m	(3.8−3.2)+1.83+2.5+8.2×3	29.53	
36	PC20(4 线)		m	2.5+1.2+(3.8−1.3)	6.2	
37	BV-2.5(线槽)		m	[(1.0+0.8)+(3.2−1−1.3)+(1.36+27.48)(桥架内)]×3	94.62	
38	BV-2.5(穿管)		m	29.53×3+6.2×4	113.39	
39	双管荧光灯		个	6	6	
40	单管荧光灯		个	3	3	
41	三极开关		个	1	1	

续表

序号	项目名称	部位提要	单位	计算式	计算结果	备注
42	BV-16(线槽)	WL1	m	[(3.2－1－1.3)＋3.4＋(3.2－0.6－1.2)]×5	28.5	
43	BV-16(线槽)	WL2	m	[(3.2－1－1.3)＋(1.36＋28.62＋2.04)(水平)＋(3.2－0.6－1.2)]×5	171.6	
十四	AL3－1			400×600×140 距地 1.2 明装		
1	PC20(3 线)	WL1－1	m	(3.8－0.6－1.2)＋(0.77＋3.88＋2.46＋4.3＋4.55×4＋3.6×2＋4.12＋2.45)(水平)＋(3.8－1.3)×2	50.38	
2	PC20(4 线)		m	2.22	2.22	
3	BV-2.5		m	[(0.4＋0.6)(预留)＋50.38]×3＋2.22×4	163.02	
4	双管荧光灯		个	10	10	
5	双极开关		个	2	2	
6	PC20(3 线)	WL1－2	m	(3.8－1.2－0.6)＋1.7＋4.43×2＋4.8＋2.2	19.56	
7	PC20(4 线)		m	4.84＋2.69＋(3.8－1.3)	10.03	
8	BV-2.5		m	[(0.4＋0.6)(预留)＋19.56]×3＋10.03×4	101.8	
9	双管荧光灯		个	8	8	
10	三极开关		个	1	1	
11	PC25	WL1－3	m	1.2＋1.64＋2.5＋5.8＋4.12＋6.0＋4.9＋4.5[①]＋0.3×7	32.76	
12	BV-4		m	[(0.4＋0.6)＋32.76]×3	101.28	
13	PC25	WL1－4	m	1.2＋4.5＋4.5＋4.9＋5.0＋4.1＋0.3×9	26.9	
14	BV-4		m	[(0.4＋0.6)＋26.9]×3	83.7	
15	PC25	WL1－5	m	1.2＋1.7＋9.8＋10.3＋0.3	23.3	
16	BV-4		m	[(0.4＋0.6)＋23.3]×3	72.9	
17	PC25	WL1－6	m	1.2＋2.1＋8.5＋3.8＋0.3	15.9	
18	BV-4		m	[(0.4＋0.6)＋15.9]×3	50.7	
19	单相二三极插座		个	9	9	
20	单相三极插座 20 A		个	2	2	
十五	AL3－2			400×600×140 距地 1.2 明装		
1	PC20(3 线)	WL2－1	m	(3.8－0.6－1.2)＋1.6＋4.4×2＋4.8＋2.2	19.4	
2	PC20(4 线)		m	4.8＋1.4＋(3.8－1.3)	8.7	
3	BV-2.5		m	[(0.4＋0.6)＋19.4]×3＋8.7×4	96.0	
4	双管荧光灯		个	8	8	
5	三极开关		个	1	1	
6	PC25	WL2－2	m	1.2＋1.4＋3.0＋4.7＋4.8＋0.3×5	16.6	
7	BV-4		m	[(0.4＋0.6)＋16.6]×3	52.8	

① 插座暗装，长度量取到墙中心。

续表

序号	项目名称	部位提要	单位	计算式	计算结果	备注
8	PC25	WL2－3	m	1.2+9.8+3.4+4.0+0.3×9	21.1	
9	BV-4		m	[(0.4+0.6)+21.1]×3	66.3	
10	PC25	WL2－4	m	1.2+3.5+3.2+0.3	8.2	
11	BV-4		m	[(0.4+0.6)+8.2]×3	27.6	
12	单相二三极插座		个	8	8	
13	单相三极插座 20 A		个	1	1	
十六	AL3 配电箱插座			800×1 000×200 距地 1.3 明装		
1	PC25	WLC2	m	(3.8－3.2)+1.9+3.8+4.2+5.2+5.8+0.3×7	23.6	
2	BV-4(线槽)		m	[(0.4+0.6)+(3.8－0.6－1.3)+(1.4+6.3)(桥架内)]×3	31.80	
3	BV-4(穿管)		m	23.6×3	70.8	
4	单相二三极插座		个	4	4	高 0.3
5	PC25	WLC4	m	(3.8－3.2)+1.9+3.8+4.4+4.4+6.4+0.3×7	23.6	
6	BV-4(线槽)		m	[(0.4+0.6)+(3.8－0.6－1.3)+(1.4+14.2)(桥架内)]×3	55.5	
7	BV-4(穿管)		m	23.6×3	70.8	
8	单相二三极插座		个	4	4	高 0.3
9	PC25	WLC5	m	(3.8－3.2)+1.9+3.8+4.2+5.2+5.8+0.3×7	23.6	
10	BV-4(线槽)		m	[(0.4+0.6)+(3.8－0.6－1.3)+(1.4+22.2)(桥架内)]×3	79.5	
11	BV-4(穿管)		m	23.6×3	70.8	
12	单相二三极插座		个	4	4	高 0.3
13	PC25	WLC6	m	(3.8－3.2)+0.6+3.8+4.6+4.6+0.3×3	15.1	
14	BV-4(线槽)		m	[(0.4+0.6)+(3.8－0.6－1.3)+(1.4+28.2)(桥架内)]×3	97.5	
15	BV-4(穿管)		m	15.1×3	45.3	
16	单相二三极插座		个	3	3	高 0.3
17	PC25	WLC7	m	(3.8－3.2)+0.6+3.8+6.1+5.8+0.3×3	17.8	
18	BV-4(线槽)		m	[(0.4+0.6)+(3.8－0.6－1.3)+(1.4+31.3)(桥架内)]×3	106.8	
19	BV-4(穿管)		m	17.8×3	53.4	
20	单相二三极插座		个	3	3	高 0.3
21	PC25	WLK1①	m	(3.8－3.2)+5.9+1.7+(3.8－2.5)	9.5	
22	BV-4(线槽)		m	[(0.4+0.6)+(3.8－0.6－1.3)+(1.4+4.8)(桥架内)]×3	27.3	
23	BV-4(穿管)		m	9.5×3	28.5	

① 空调插座安装高度为 2.5 m，线路敷设在顶棚楼板内。

续表

序号	项目名称	部位提要	单位	计算式	计算结果	备注
24	PC25		m	(3.8－3.2)＋7.6＋1.6＋(3.8－2.5)	11.1	
25	BV-4(线槽)	WKK3	m	[(0.4＋0.6)＋(3.8－0.6－1.3)＋(1.4＋11.7)(桥架内)]×3	48.0	
26	BV-4(穿管)		m	11.1×3	33.3	
27	PC25		m	(3.8－3.2)＋5.9＋1.7＋(3.8－2.5)	9.5	
28	BV-4(线槽)	WLK4	m	[(0.4＋0.6)＋(3.8－0.6－1.3)＋(1.4＋23.7)(桥架内)]×3	84.0	
29	BV-4(穿管)		m	9.5×3	28.5	
30	PC25		m	(3.8－3.2)＋6.1＋1.3＋(3.8－0.3)	11.5	
31	BV-4(线槽)	WLK5	m	[(0.4＋0.6)＋(3.8－0.6－1.3)＋(1.4＋26.2)(桥架内)]×3	91.5	
32	BV-4(穿管)		m	11.5×3	34.5	
33	单相三极插座 16 A		个	3	3	高 2.5
34	单相三极插座 20 A		个	1	1	高 0.3
十七	AL4 照明			800×1 000×200 距地 1.3 明装		
1	SR200×100		m	(3.2－1－1.3)(AL1 上垂直部分)＋1.36＋49.0	51.26	高 3.2
2	SR100×50		m	0.8＋2.0＋0.8＋(3.2－0.6－1.2)(垂直段)×3	7.80	高 3.2
3	BV-10(线槽)	WL1	m	[(0.8＋1)(预留)＋(3.2－1－1.3)＋1.36＋5.0＋0.75＋(3.2－0.6－1.2)＋(0.4＋0.6)]×5	61.05	
4	BV-10(线槽)	WL3	m	[(0.8＋1)(预留)＋(3.2－1－1.3)＋1.36＋7.8＋2.0＋(3.2－0.6－1.2)＋(0.4＋0.6)]×5	81.30	
十八	AL4-1 配电箱			400×600×140 距地 1.2 明装		
1	PC20(3 线)		m	1.5＋(3.8－1.3)＋2.2	6.2	
2	PC20(4 线)		m	(3.8－0.6－1.2)＋1.6＋4.5×3＋3.6×2＋2.2	26.5	
3	BV-2.5(穿管)	WL1－1	m	[(0.4＋0.6)＋6.2＋26.5]×3	101.1	
4	双管荧光灯		个	8	8	
5	三极开关		个	1	1	
6	PC25	WL1－2	m	1.2＋1.0＋6.2＋5.8＋0.3×5	15.7	
7	BV-4(穿管)		m	[(0.4＋0.6)＋15.7]×3	50.1	
8	PC25	WL1－3	m	1.2＋2.6＋4.8＋4.3＋0.3×5	14.4	
9	BV-4(穿管)		m	[(0.4＋0.6)＋14.4]×3	46.2	
10	PC25	WL1－4	m	1.2＋3.8＋5.8＋6.1＋0.3	17.2	
11	BV-4(穿管)		m	[(0.4＋0.6)＋17.2]×3	54.6	
12	单相二三极插座		个	6	6	
13	单相三极插座 20 A		个	1	1	

续表

序号	项目名称	部位提要	单位	计算式	计算结果	备注
十九	AL4-3 配电箱			400×600×140 距地 1.2 明装		
1	PC20(3 线)	WL3－1	m	(3.8－0.6－1.2)＋1.4＋7.2＋3.6×2＋5.5	23.3	
2	PC20(4 线)		m	1.2＋(3.8－1.3)	3.7	
3	BV-2.5		m	[(0.4＋0.6)＋23.3]×3＋3.7×4	87.7	
4	PC20(3 线)	WL3－2	m	(3.8－0.6－1.2)＋0.4＋7.3＋0.8＋5.5＋3.6×2＋3.3	26.5	
5	PC20(4 线)		m	3.9＋1.2＋(3.8－1.3)	7.6	
6	BV-2.5		m	[(0.4＋0.6)＋26.5]×3＋7.6×4	112.9	
7	双管荧光灯		个	20	20	
8	三极开关		个	2	2	
9	PC25	WL3－3	m	1.2＋1.6＋4.0＋5.6＋3.6×4＋0.3×13	30.7	
10	BV-4		m	[(0.4＋0.6)＋30.7]×3	95.1	
11	PC25	WL3－4	m	1.2＋14.3＋4.0＋0.3×7	21.6	
12	BV-4		m	[(0.4＋0.6)＋21.6]×3	67.8	
13	PC25	WL3－5	m	1.2＋2.9＋4.7＋0.3	9.1	
14	BV-4		m	[(0.4＋0.6)＋9.1]×3	30.3	
15	PC25	WL3－6	m	1.2＋2.9＋14.8＋2.8＋0.3	22.0	
16	BV-4		m	[(0.4＋0.6)＋30.7]×3	95.10	
17	单相二三极插座		个	11	11	
18	单相三极插座 20 A		个	2	2	
二十	WD-DT 配电箱			600×1 800×300 落地(电梯房高为 3.0 m)		
1	SC40	WPE1	m	4.8＋4.0	8.8	
2	NHYJV-4×25＋1×16		m	(2＋1.5)(预留)×2＋8.8	15.8	
3	SC20	WPE2	m	(3－1.8)＋2.57＋3.2＋(3－1.3)＋4.5	13.17	
4	NHBV-2.5		m	[(0.6＋1.8)＋13.17]×3	46.71	
5	JDG16	WPE5	m	4.2＋3.8＋15.5	23.5	
6	ZRBV－2.5		m	[(0.6＋1.8)＋23.5]×3	77.7	
7	JDG16	WPE6	m	4.7＋1.1＋15.5	21.3	
8	ZRBV－2.5		m	[(0.6＋1.8)＋21.3]×3	71.1	
9	JDG20	WPE7		6.4＋15.5	21.9	
10	BV-2.5		m	[(0.6＋1.8)＋21.9]×3	72.9	
11	JDG20	WPE8		4.4＋3.6＋15.5	23.5	
12	BV-2.5		m	[(0.6＋1.8)＋23.5]×3	77.7	
13	JDG20	WPE9	m	2.3＋0.3	2.6	
14	BV-2.5		m	[(0.6＋1.8)＋2.6]×3	15.0	

续表

序号	项目名称	部位提要	单位	计算式	计算结果	备注
15	JDG25	WPE10	m	0.9+3.2+1+0.3	5.4	
16	BV-2.5		m	[(0.6+1.8)+5.4]×3	23.4	
17	单管荧光灯		个	2	2	
18	单相二三极插座		个	2×6(电梯井内)	12	
19	单相三极插座 16 A		个	1	1	
20	壁灯		个	2×6(电梯井内)	12	

(三)工程量汇总

工程量计算完成后，为了清单编制方便，需将项目特征一致的项目合并，计算工程量汇总表(表 2-4)。工程量汇总表中的数据来源于工程量计算表。

表 2-4　工程量汇总表

序号	项目名称	单位	计算式	计算结果
1	AA1	台	1	1
2	AA2	台	1	1
3	ALD1	台	1	1
4	AL1	台	1	1
5	AL2	台	1	1
6	AL3	台	1	1
7	AL4	台	1	1
8	AL1－1	台	1	1
9	AL2－1	台	1	1
10	AL3－1	台	1	1
11	AL3－2	台	1	1
12	AL4-1	台	1	1
13	AL4-2	台	1	1
14	AL4-3	台	1	1
15	WD-DT	台	1	1
16	AP-RD	台	1	1
17	QSB-AC	台	1	1
18	AC-PY-BF1	台	1	1
19	AC-SF-BF1	台	1	1
20	单极开关	个	10+1+12+4×3+2×4+1+6+5	55
21	双极开关	个	1+2+1×3+1×3+2+2	13
22	三极开关	个	2+1+2×2+2×3+1×4+2×4+2×3+1×3+1+1+1+1+1+1+1+1+2	44

续表

序号	项目名称	单位	计算式	计算结果
23	单相二三极插座	个	2+3×2+4×2+6×3+4×4+6×3+6×3+9+8+4+4+4+3+3+6+11+12	150
24	防水插座	个	2×4	8
25	单相三极插座 20 A	个	1×3+1+2+1+1+1+2	11
26	单相三极插座 16 A	个	24+3+1	28
27	YJV-4×35+1×16	m	22.58+26.48+30.68+34.57	114.31
28	YJV-4×25+1×16	m	21.76+45.13	66.89
29	YJV-5×16	m	23.78+21.53	45.31
30	YJV-5×6	m	60.68	60.68
31	YJV-5×4	m	21.53	21.53
32	NYYJV-4×25+1×16	m	15.8	15.8
33	YJV-4×35+1×16 电缆终端头	个	2+2+2+2	8
34	YJV-4×25+1×16 电缆终端头	个	2+2	4
35	YJV-5×16 终端头	个	2+2	4
36	NYYJV-4×25+1×16 电缆终端头	个	2	2
37	RC100	m	24.32	24.32
38	SC50	m	1.2+9.8	11.00
39	SC40	m	8.8	8.80
40	SC32	m	5.1	5.10
41	SC25	m	7.42	7.42
42	SC20	m	14.2+8.4+39.52+69.05+74.7+61.34+69.04+53.91×2+87.55×2+55.35+66.65+13.17	754.34
43	SC15	m	7.3	7.3
44	JDG25	m	5.4	5.4
45	JDG20	m	21.9+23.5+2.6	48.0
46	JDG16	m	23.5+21.3	44.8
47	PC25	m	8.58×4+14.68×2+17.72×2+25.78×3+21.39×4+25.96×3+9.94+8.61+9.21×3+9.5×3+8.95×4+9.55×3+9.23×3+13.53×3+17.96×3+9.17×3+12.6+32.76+26.9+23.3+15.9+16.6+21.1+8.2+23.6+23.6+23.6+15.1+17.8+9.5+11.1+9.5+11.5+15.7+14.4+17.2+30.7+21.6+9.1+22.0	1 062.06

续表

序号	项目名称	单位	计算式	计算结果
48	PC20	m	41.2+12.05+24.02+28.77+12.3+32.53+34.43+44.88+25.24+52.95×3+18.42×3+17.43×2+12.84×2+24.75×3+12.6×3+15.7×4+6.44×4+12.67×4+7×4+13.62×4+24.83×3+12.6×3+5.34+30.44×3+6.25×3+12+17.9+15.7+14.4+42.93+94.55+19.05+3.7+30.19+19.05+3.7+29.53+6.2+50.38+2.22+19.56+10.03+19.4+8.7+6.2+26.5+23.3+3.7+26.5+7.6	1 604.53
49	SR300×100	m	13.83	13.83
50	SR200×10	m	14.2+51.56×2+40.6+51.26	209.18
51	SR100×50	m	50.51+2.2×2+6.84+7.80	69.55
52	NHBV-2.5(线槽)	m	20.4+48.09+22.08+24.42+18.48+21.3+18.48×2+21.3×2+12.15+14.94	261.42
53	NHBV-2.5(穿管)	m	76.2+118.56+207.15+224.1+184.02+207.12+161.73×2+262.35×2+166.05+199.95+46.71	2 278.02
54	NHBV−4(穿管)	m	31.26	31.26
55	ZRBV−2.5(穿管)	m	46.71+77.7+71.1	148.8
56	BV-2.5(线槽)	m	22.83+32.31+79.26+30.63+98.28+98.28+42.81+10.2×3+20.07×2+11.52×3+45.69×4+67.44×4+90.39×3+122.43+22.38+55.92+122.43+14.1+41.82+49.89+71.49+94.62	1 828.47
57	BV-2.5(穿管)	m	123.6+30.45+72.06+135.51+97.59+103.29+185.12+34.8+195.69×3+103.65×2+124.65×3+72.86×4+106.49×4+124.89×3+12.38+119.32×3+101.7+106.0+128.79+283.65+71.95+90.57+71.95+113.39+163.02+101.8+96.0+101.1+87.7+112.9+15.0+23.4+72.9+77.7	5 232.67
58	BV-4(线槽)	m	69.66×4+31.32×2+20.4×2+8.28×3+53.64×4+84.33×3+32.76+24.12+24.12×3+8.28×3+43.29×4+93.6×3+109.44×3+24+31.8+55.5+79.5+97.5+106.8+27.3+48.0+84.0+91.5	2 456.73
59	BV-4(穿管)	m	25.74×4+44.04×2+53.16×2+77.34×3+64.17×4+77.88×3+29.82+25.83+27.69×3+27.63×3+28.5×3+26.85×4+28.65×3+43.59×3+56.88×3+30.51×3+37.8+101.28+83.7+72.9+50.7+52.8+66.3+27.6+70.8+70.8+70.8+45.3+53.4+28.5+33.3+28.5+34.5+50.1+46.2+54.6+95.1+67.8+30.3+95.10	3 281.28
60	BV-10(线槽)	m	102.21×3+61.05+81.3	448.98
61	BV-10(穿管)	m	26.00	26.00
62	BV-16(线槽)	m	28.5+171.6	200.1

续表

序号	项目名称	单位	计算式	计算结果
63	吸顶灯	个	2+2+12+13×3+1+6+11	73
64	灯头座	个	10	10
65	壁灯	个	6+5+4×2+4+12	35
66	防水防尘灯	个	6×4	24
67	安全出口指示灯	个	2+1+3×2+3	12
68	单向疏散指示灯	个	4+2+2×2+1	11
69	双向疏散指示灯	个	1×2+1	3
70	单管荧光灯	个	6+4+6+8+4+3×3+3+2	42
71	双管荧光灯	个	6+2+8×2+8×3+6×4+8×3+6×3+9+9+7+8+7+6+10+8+8+8+20	214
72	排风扇接线盒	个	2×4	8
73	灯头盒	个	72+10+31+24+12+11+3+42+214+8①	427
74	开关、插座盒	个	54+14+41+149+8+11+28②	305
75	配送电装置	系统		1
76	接地装置	系统		1

(四)任务总结

(1)通过工程量计算过程掌握电气照明工程的工程量计算规则。

1)电气配管按设计图示尺寸以延长米计算，不扣除管路中间的接线箱(盒)、灯头盒、开关盒所占长度。

2)线槽按设计图示尺寸以延长米计算。

3)电气配线按设计图示尺寸以单线延长米计算。

4)在配线工程中，所有的预留量(指与设备连接)均应依据设计要求或施工及验收规范规定的长度考虑在综合单价中。

(2)计算方法。

1)配管工程量计算，计算要领是从配电箱算起，沿各回路计算；或按建筑物自然层划分计算，按建筑形状分片计算。

2)水平方向敷设的线管，当沿墙暗敷设时，按相关墙轴线尺寸计算；沿墙明敷时，按相关墙面净空尺寸计算。

3)在顶棚内或者在地坪内暗敷，可用比例尺度量，或按设计定位尺寸计算。

4)垂直方向敷设的线管，其工程量计算与楼层高度及箱、柜、盘、板、开关等设备安装高度有关。

5)管内穿线工程量计算：管内穿线长度=(配管长度+预留长度)×同截面导线根数。

---

① 每一个灯具都需要一个灯头盒，所以此式为所有灯具的总和。

② 开关、插座盒费用一样可以放在一起计算，此式为开关插座的总和。

四、工程量清单编制注意事项

工程量清单编制就是利用“计算规范”编制电气照明工程工程量清单，清单编制过程应注意，编制工程量清单不仅仅是编制分部分项工程量清单，而是编制清单规范要求的整套表格。

(一)封面

(1)招标人要明确是业主，不是招标代理和造价咨询公司。

(2)签字盖章的地方既要签字也要盖章，不能只盖章不签字。

(3)造价工程师及注册证号，《建设工程工程量清单计价监督管理办法》中要求工程量清单的封面应由编制单位的注册造价工程师或造价员签字盖章。

(二)填表须知

填表须知必须有，在填表须知中应明确要求工程量清单及其计价格式中的任何内容不得随意删除或涂改，在以往的投标文件中有的投标人由于对清单不是很熟悉，有修改工程量和改动计量单位。

(三)总说明

(1)工程概况。要写明工程名称、工程建设规模(建筑面积)、工程特征(层数、檐高)、施工现场条件、自然地理情况、抗震要求等。

(2)招标范围。一般说明是总包还是有部分分包或者分标段。如果有部分需要专业分包，要明确哪一部分；如果是分标段，要明确各标段范围。

(3)编制依据：

1)“计价规范”。

2)施工设计图纸及其说明、设计修改、变更通知等技术资料。

3)相关的设计、施工规范和标准。

(4)工程质量。要明确是合格还是优良，不要写如市样板、省世纪杯、国家鲁班奖这类的奖项。

(5)招标人自行采购的材料名称、规格、型号和数量等。这里面要注意，招标人自行采购的材料如果在招标阶段无法准确定价，应按暂估价列在其他项目清单中招标人部分，注明材料数量、单价、合价，便于投标人将其计算到分部分项工程量清单的综合单价中，计取相关费用。

(6)预留金数额。

(7)其他需要说明的问题，如业主要求混凝土采用商品混凝土；土方运距由投标人自行考虑等。

(8)投标人在投标时应按“计价规范”规定的统一格式，提供工程量清单计价表格(共 11 项，如果有特殊要求，如分部分项工程量清单综合单价计算表、措施项目单价计算表，也应注明)。

(四)分部分项工程工程量清单

(1)所有要求签字、盖章的地方，必须由规定的单位和人员签字、盖章。

(2)工程数量的有效位数应遵守下列规定：

以“吨”为单位，应保留三位小数，第四位四舍五入；

以“立方米”“平方米”“米”为单位，应保留小数点后两位数字，第三位四舍五入；

以“个”“项”等为单位，应取整数。

(3)项目特征的描述要和图纸一致，因为对工程项目特征的描述，是各项清单计算的依据，描述得详细、准确与否是直接影响投标报价的一个主要因素。如果图纸描述得不清楚，则应和设计单位沟通，免得漏项或者产生歧义，不要凭经验做法自己设计。

(4)清单出现“计算规范”中未包括的项目，编制人可做相应补充，在项目编码中以“补”字示之，注意要在分部分项工程的后面补充。

(5)关于土方运距问题。如果招标人指定弃土地点或取土地点及运距，则在清单中给定运距；若招标文件规定由投标人自行确定弃土或取土地点及运距时，则不必在工程量清单中描述运距。

(五)措施项目清单

措施项目列项要尽可能周全，必须根据相关工程现行国家计量规范的规定编制。由于工程建设施工特点和承包人组织施工生产的施工装备水平、施工方案及施工管理水平的差异，同一工程由不同承包人组织施工采用的施工技术措施也不完全相同，因此措施项目清单应根据拟建工程的实际情况列项。

(六)其他项目清单

预留金是主要考虑可能发生的工程量变更而预留的金额，此处提出的工程量变更主要指工程量清单漏项、有误引起工程量增加和施工中设计变更引起标准提高或工程量增加等，是工程造价的组成内容。预留金的使用量取决于设计深度、设计质量、工程设计的成熟程度，一般不会超过工程总造价的10%。

五、编制完整的工程量清单

参照“计算规范”编制“广联达办公大厦”电气照明工程工程量清单；研究施工现场情况及施工组织设计特点；熟悉施工图纸；根据主方的要求编制工程量清单。工程量清单包括下列表格：

(1)清单封面(表2-5)；

(2)填表须知(表2-6)；

(3)总说明(表2-7)；

(4)分部分项工程量清单与计价表(表2-8)；

(5)总价措施项目清单与计价表(表2-9)；

(6)其他项目清单与计价汇总表(表2-10)；

(7)计日工表(表2-11)；

(8)规费、税金项目清单与计价表(表2-12)；

(9)承包人提供主要材料和工程设备一览表(表2-13)。

表 2-5　工程量清单封面

广联达办公大厦电气照明安装　　工程

工 程 量 清 单

招　标　人：（甲方单位名称）
（单位盖章）

造价咨询人：（乙方单位名称）
（单位资质专用章）

法定代表人
或其授权人：（甲方法人姓名）
（签字或盖章）

法定代表人
或其授权人：（乙方法人姓名）
（签字或盖章）

编　制　人：（人名）
（造价人员签字盖专用章）

复　核　人：（人名，不能与编制人相同）
（造价工程师签字盖专用章）

编制时间：　　年　　月　　日

复核时间：　　年　　月　　日

表 2-6　填表须知

(1)工程量清单及其计价格式中所有要求签字、盖章的地方，必须由规定的单位和人员签字、盖章。
(2)工程量清单及其计价格式中的任何内容不得随意删除或涂改。
(3)工程量清单计价格式中列明的所有需要填报的单价和合价，投标人均应填报(单价为“0”的，单价和合价均须填报为“0”，否则视为漏项)，未填报的单价和合价，视为此项费用已包括在工程量清单的其他单价和合价中。
(4)金额(价格)均应以人民币表示。
(5)工程量清单包括以下组成：
1)清单封面；
2)填表须知；
3)总说明；
4)分部分项工程量清单与计价表；
5)总价措施项目清单与计价表；
6)其他项目清单与计价汇总表；
7)计日工表；
8)规费、税金项目清单与计价表；
9)承包人提供主要材料和工程设备一览表。
(6)工程量清单计价格式报价表包括以下组成：
1)计价表封面；
2)招标控制价扉页；
3)总说明；
4)单位工程招标控制价汇总表；
5)分部分项工程量清单与计价表；
6)综合单价分析表；
7)总价措施项目清单与计价表；
8)其他项目清单与计价汇总表；
9)计日工表；
10)规费、税金项目清单与计价表；
11)承包人提供主要材料和工程设备一览表。

表 2-7　总说明[①]

工程名称：广联达办公大厦电气照明安装工程　　　　第　页　共　页

(1)工程概况：本工程为××市辖区内广联达办公大厦，建筑物用地概貌属于平缓场地，本建筑为二类多层办公建筑，总建筑面积为 4 745.6 m^2，地下一层，地上四层，建筑高度为 15.2 m。
(2)招标范围：施工图纸范围内的电气照明安装工程。
(3)工期：30 个日历天。
(4)编制依据：根据《通用安装工程工程量计算规范》(GB 50856—2013)编制消防报警工程工程量清单；设计图纸、设计变更同为工程量编制依据。
(5)防洪工程维护费费率为 0.05%。
(6)本工程质量标准为优。
(7)预留金金额为 2.5 万元。

① 总说明不能空，一般必须填写五个方面：工程概况；工程招标和分包范围；工程量清单编制依据；工程质量、材料、施工等的特殊要求；其他需要说明的问题。

表 2-8　分部分项工程量清单与计价表①

工程名称：广联达办公大厦电气照明安装工程　　　　第　页　共　页

序号	项目编码②	项目名称③	项目特征④	计量⑤单位	工程数量	金额/元	
						综合单价	合价
1	030404017001	配电箱	1. 名称：配电箱 AA1 2. 规格：800(*W*)×2 200(*H*)×800(*D*) 3. 安装方式：(落地安装)	台	1		
2	030404017002	配电箱	1. 名称：配电箱 AA2 2. 规格：800(*W*)×2 200(*H*)×800(*D*) 3. 安装方式：(落地安装)	台	1		
3	030404017003	配电箱	1. 名称：照明配电箱 ALD1 2. 规格：800(*W*)×1 000(*H*)×200(*D*) 3. 安装方式：距地 1 m 明装	台	1		
4	030404017004	配电箱	1. 名称：照明配电箱 AL1 2. 规格：800(*W*)×1 000(*H*)×200(*D*) 3. 端子板外部接线材质、规格：5 个 BV10 mm^2 4. 安装方式：距地 1 m 明装	台	1		
5	030404017005	配电箱	1. 名称：照明配电箱 AL2 2. 规格：800(*W*)×1 000(*H*)×200(*D*) 3. 端子板外部接线材质、规格：5 个 BV10 mm^2 4. 安装方式：距地 1 m 明装	台	1		
6	030404017006	配电箱	1. 名称：照明配电箱 AL3 2. 规格：800(*W*)×1 000(*H*)×200(*D*) 3. 端子板外部接线材质、规格：10 个 BV16 mm^2 4. 安装方式：距地 1 m 明装	台	1		

---

① 依据“计算规范”附录 D 电气设备安装工程部分编制。在清单编制过程中只列工程项目、特征、数量，不填金额，计价表才是根据清单填写金额。

② 工程量清单表中每个项目有各自不同的编码，项目编码为 12 位数字，前 9 位按“计算规范”附录 D 中的项目相应编码设置，不得变动；编码中的后 3 位是具体的清单项目名称编码，由清单编制人根据实际情况设置。如同一规格、同一材质的项目，当其具有不同的特征时，应分别列项，此时项目的编码前 9 位相同，后 3 位不同。

③ 清单项目名称应按“计算规范”里规定的名称，不得变动项目名称。

④ 项目特征是用来描述清单项目的，通过对清单项目特征的描述，使清单项目名称清晰化、具体化、细化能够反映影响工程造价的主要因素。编制工程量清单就是站在业主的位置，是提出要求的一方，应该把对施工的要求具体描述出来，比如需要什么特征的照明灯具，绝对不能不写特征。特征描述方法是对照“计算规范”特征栏 1、2、3、4……的特征要点一一进行表述。

⑤ 计量单位必须和“计算规范”保持一致。

续表

序号	项目编码	项目名称	项目特征	计量单位	工程数量	金额/元	
						综合单价	合价
7	030404017007	配电箱	1. 名称：照明配电箱 AL4 2. 规格：800(W)×1 000(H)×200(D) 3. 端子板外部接线材质、规格：10 个 BV10 mm^2，5 个 BV16 mm^2 4. 安装方式：距地 1 m 明装	台	1		
8	030404017008	配电箱	1. 名称：照明配电箱 AL1－1 2. 规格：400(W)×600(H)×140(D) 3. 端子板外部接线材质、规格：5 个 BV10 mm^2 4. 安装方式：距地 1.2 m 明装	台	1		
9	030404017009	配电箱	1. 名称：照明配电箱 AL2－1 2. 规格：400(W)×600(H)×140(D) 3. 端子板外部接线材质、规格：5 个 BV10 mm^2 4. 安装方式：距地 1.2 m 明装	台	1		
10	030404017010	配电箱	1. 名称：照明配电箱 AL3－1 2. 规格：400(W)×600(H)×140(D) 3. 端子板外部接线材质、规格：5 个 BV16 mm^2 4. 安装方式：距地 1.2 m 明装	台	1		
11	030404017011	配电箱	1. 名称：照明配电箱 AL3－2 2. 规格：400(W)×600(H)×140(D) 3. 端子板外部接线材质、规格：5 个 BV16 mm^2 4. 安装方式：距地 1.2 m 明装	台	1		
12	030404017012	配电箱	1. 名称：照明配电箱 AL4－1 2. 规格：400(W)×600(H)×140(D) 3. 端子板外部接线材质、规格：5 个 BV10 mm^2 4. 安装方式：距地 1.2 m 明装	台	1		

续表

序号	项目编码	项目名称	项目特征	计量单位	工程数量	金额/元	
						综合单价	合价
13	030404017013	配电箱	1. 名称：照明配电箱 AL4－2 2. 规格：400(*W*)×600(*H*)×140(*D*) 3. 端子板外部接线材质、规格：5 个 BV10 mm^2 4. 安装方式：距地 1.2 m 明装	台	1		
14	030404017014	配电箱	1. 名称：照明配电箱 AL4－3 2. 规格：400(*W*)×600(*H*)×140(*D*) 3. 端子板外部接线材质、规格：5 个 BV16 mm^2 4. 安装方式：距地 1.2 m 明装	台	1		
15	030404017015	配电箱	1. 名称：电梯配电柜 WD－DT 2. 规格：宽×高×厚＝600×1 800×300 3. 安装方式：落地安装	台	1		
16	030404017016	配电箱	1. 名称：弱电室配电箱 AP－RD 2. 规格：400(*W*)×600(*H*)×140(*D*) 3. 安装方式：距地 1.5 m	台	1		
17	030404017017	配电箱	1. 名称：潜水泵控制箱 QSB－AC 2. 规格：宽×高×厚＝600×850×300 4. 安装方式：距地 2.0 m(明装)	台	1		
18	030404017018	配电箱	1. 名称：排烟风机控制箱 AC－PY－BF1. 2. 规格：宽×高×厚＝600×800×200 3. 安装方式：(明装)距地 2.0 m	台	1		
19	030404017019	配电箱	1. 名称：送风机控制箱 AC－SF－BF1 2. 规格：宽×高×厚＝600×800×200 3. 安装方式：(明装)距地 2.0 m	台	1		

续表

序号	项目编码	项目名称	项目特征	计量单位	工程数量	金额/元	
						综合单价	合价
20	030404034001	照明开关	1. 名称：单控单联跷板开关 2. 规格：250 V10 A 3. 安装方式：暗装，底距地 1.3 m	个	55		
21	030404034002	照明开关	1. 名称：单控双联跷板开关 2. 规格：250 V10 A 3. 安装方式：暗装，底距地 1.3 m	个	13		
22	030404034003	照明开关	1. 名称：单控三联跷板开关 2. 规格：250 V10 A 3. 安装方式：暗装，底距地 1.3 m	个	44		
23	030404035001	插座	1. 名称：单相二、三极插座 2. 规格：250 V10 A 3. 安装方式：暗装，底距地 0.3 m	个	150		
24	030404035002	插座	1. 名称：单相二、三极防水插座(加防水面板) 2. 规格：250 V10 A 3. 安装方式：暗装，底距地 0.3 m	个	8		
25	030404035003	插座	1. 名称：单相三极插座(柜机空调) 2. 规格：250 V20 A 3. 安装方式：暗装，底距地 0.3 m	个	11		
26	030404035004	插座	1. 名称：单相三极插座(挂机空调) 2. 规格：250 V16 A 3. 安装方式：暗装，底距地 2.5 m	个	28		
27	030408001001	电力电缆	1. 名称：电力电缆 2. 型号：YJV-4×35+1×16 3. 材质：铜芯电缆 4. 敷设方式、部位：穿管或桥架敷设 5. 电压等级(kV)：1 kV 以下	m	114.31		

续表

序号	项目编码	项目名称	项目特征	计量单位	工程数量	金额/元	
						综合单价	合价
28	030408001002	电力电缆	1. 名称：电力电缆 2. 型号：YJV-3. 规格：4×25+1×16 3. 材质：铜芯电缆 4. 敷设方式、部位：穿管或桥架敷设 5. 电压等级(kV)：1 kV 以下	m	66.89		
29	030408001003	电力电缆	1. 名称：电力电缆 2. 型号：YJV-5×16 3. 材质：铜芯电缆 4. 敷设方式、部位：穿管或桥架敷设 5. 电压等级(kV)：1 kV 以下	m	45.31		
30	030408001004	电力电缆	1. 名称：电力电缆 2. 型号：YJV-5×6 3. 材质：铜芯电缆 4. 敷设方式、部位：穿管或桥架敷设 5. 电压等级(kV)：1 kV 以下	m	60.68		
31	030408001005	电力电缆	1. 名称：电力电缆 2. 型号：YJV-5×4 3. 材质：铜芯电缆 4. 敷设方式、部位：穿管或桥架敷设 5. 电压等级(kV)：1 kV 以下	m	21.53		
32	030408001006	电力电缆	1. 名称：电力电缆 2. 型号：NHYJV-4×25+1×16 3. 材质：铜芯电缆 4. 敷设方式、部位：穿管或桥架敷设 5. 电压等级(kV)：1 kV 以下	m	15.80		
33	030408006001	电力电缆头	1. 名称：电力电缆头 2. 型号：YJV-4×35+1×16 3. 材质、类型：铜芯电缆干包式 4. 安装部位：配电箱 5. 电压等级(kV)：1 kV 以下	个	8		

续表

序号	项目编码	项目名称	项目特征	计量单位	工程数量	金额/元	
						综合单价	合价
34	030408006002	电力电缆头	1. 名称：电力电缆头 2. 型号：YJV-4×25+1×16 3. 材质、类型：铜芯电缆干包式 4. 安装部位：配电箱 5. 电压等级(kV)：1 kV 以下	个	4		
35	030408006003	电力电缆头	1. 名称：电力电缆头 2. 型号：YJV-5×16 3. 材质、类型：铜芯电缆干包式 4. 安装部位：配电箱 5. 电压等级(kV)：1 kV 以下	个	4		
36	030408006006	电力电缆头	1. 名称：电力电缆头 2. 型号：NHYJV-4×25+1×16 3. 材质、类型：铜芯电缆干包式 4. 安装部位：配电箱 5. 电压等级(kV)：1 kV 以下	个	2		
37	030408003001	电缆保护管	1. 材质：水煤气钢管 2. 规格：RC100 3. 配置形式：无基础暗配	m	24.32		
38	030411001001	配管	1. 名称：钢管 2. 材质：焊接钢管 3. 规格：SC50 4. 配置形式：暗配	m	11.00		
39	030411001002	配管	1. 名称：钢管 2. 材质：焊接钢管 3. 规格：SC40 4. 配置形式：暗配	m	8.80		
40	030411001003	配管	1. 名称：钢管 2. 材质：焊接钢管 3. 规格：SC32 4. 配置形式：暗配	m	5.1		
41	030411001004	配管	1. 名称：钢管 2. 材质：焊接钢管 3. 规格：SC25 4. 配置形式：暗配	m	7.42		

续表

序号	项目编码	项目名称	项目特征	计量单位	工程数量	金额/元	
						综合单价	合价
42	030411001005	配管	1. 名称：钢管 2. 材质：焊接钢管 3. 规格：SC20 4. 配置形式：暗配	m	754.34		
43	030411001006	配管	1. 名称：钢管 2. 材质：焊接钢管 3. 规格：SC15 4. 配置形式：暗配	m	7.30		
44	030411001007	配管	1. 名称：刚性阻燃管 2. 材质：紧定式钢管 3. 规格：JDG25 4. 配置形式：暗配	m	5.40		
45	030411001108	配管	1. 名称：刚性阻燃管 2. 材质：紧定式钢管 3. 规格：JDG20 4. 配置形式：暗配	m	48.00		
46	030411001109	配管	1. 名称：刚性阻燃管 2. 材质：紧定式钢管 3. 规格：JDG16 4. 配置形式：暗配	m	44.80		
47	030411001010	配管	1. 名称：刚性阻燃管 2. 材质：PVC 3. 规格：PC25	m	1 062.06		
48	030411001011	配管	1. 名称：刚性阻燃管 2. 材质：PVC 3. 规格：PC20	m	1 604.53		
49	030411003001	桥架	1. 名称：桥架安装 2. 规格：300×100 3. 材质：钢制 4. 类型：槽式	m	13.83		
50	030411003002	桥架	1. 名称：桥架安装 2. 规格：200×100 3. 材质：钢制 4. 类型：槽式	m	209.18		
51	030411003003	桥架	1. 名称：桥架安装 2. 规格：100×50 3. 材质：钢制 4. 类型：槽式	m	69.55		

续表

序号	项目编码	项目名称	项目特征	计量单位	工程数量	金额/元	
						综合单价	合价
52	030411004001	配线	1. 名称：线槽配线 2. 配线形式：照明线路 3. 型号：NHBV-2.5 4. 材质：铜芯线	m	261.42		
53	030411004002	配线	1. 名称：管内穿线 2. 配线形式：照明线路 3. 型号：NHBV-2.5 4. 材质：铜芯线	m	2 278.02		
54	030411004003	配线	1. 名称：管内穿线 2. 配线形式：照明线路 3. 型号：NHBV-4 4. 材质：铜芯线	m	31.26		
55	030411004004	配线	1. 名称：管内穿线 2. 配线形式：照明线路 3. 型号：ZRBV-2.5 4. 材质：铜芯线	m	148.80		
56	030411004005	配线	1. 名称：线槽配线 2. 配线形式：照明线路 3. 型号：BV-2.5 4. 材质：铜芯线	m	1 828.47		
57	030411004006	配线	1. 名称：管内穿线 2. 配线形式：照明线路 3. 型号：BV-2.5 4. 材质：铜芯线	m	5 232.67		
58	030411004007	配线	1. 名称：线槽配线 2. 配线形式：照明线路 3. 型号：BV-4 4. 材质：铜芯线	m	2 456.73		
59	030411004008	配线	1. 名称：管内穿线 2. 配线形式：照明线路 3. 型号：BV-4 4. 材质：铜芯线	m	3 281.28		
60	030411004009	配线	1. 名称：线槽配线 2. 配线形式：照明线路 3. 型号：BV-10 4. 材质：铜芯线	m	448.98		
61	030411004010	配线	1. 名称：管内穿线 2. 配线形式：照明线路 3. 型号：BV-10 4. 材质：铜芯线	m	26.00		

续表

序号	项目编码	项目名称	项目特征	计量单位	工程数量	金额/元	
						综合单价	合价
62	030411004011	配线	1. 名称：线槽配线 2. 配线形式：照明线路 3. 型号：BV-16 4. 材质：铜芯线	m	200.1		
63	030412001001	普通灯具	1. 名称：吸顶灯(灯头) 2. 规格：1×13 W $\cos\varphi \geqslant 0.9$ 3. 类型：吸顶安装	套	73		
64	030412001002	普通灯具	1. 名称：墙上座灯 2. 规格：1×13 W $\cos\varphi \geqslant 0.9$ 3. 类型：明装，门楣上 100 mm	套	10		
65	030412001003	普通灯具	1. 名称：壁灯 2. 型号：自带蓄电池 $t \geqslant 90$ min 3. 规格：1×13 W $\cos\varphi \geqslant 0.9$ 4. 类型：明装，底距地 2.5 m	套	35		
66	030412002001	工厂灯	1. 名称：防水防尘灯 2. 规格：1×13 W $\cos\varphi \geqslant 0.9$ 3. 安装形式：吸顶安装	套	24		
67	030412004001	装饰灯	1. 名称：安全出口指示灯 2. 型号：自带蓄电池 $t \geqslant 90$ min 3. 规格：1×8 W LED 4. 安装形式：明装，门楣上 100	套	12		
68	030412004002	装饰灯	1. 名称：单向疏散指示灯 2. 型号：自带蓄电池 $t \geqslant 90$ min 3. 规格：1×8 W LED 4. 安装形式：一般暗装底距地 0.5 m，部分管吊底距地 2.5 m	套	11		
69	030412004003	装饰灯	1. 名称：双向疏散指示灯 2. 型号：自带蓄电池 $t \geqslant 90$ min 3. 规格：1×8 W LED 4. 安装形式：一般暗装底距地 0.5 m，部分管吊底距地 2.5 m	套	3		
70	030412005001	荧光灯	1. 名称：单管荧光灯 2. 规格：1×36 W $\cos\varphi \geqslant 0.9$ 3. 安装形式：链吊，底距地 2.6 m	套	42		
71	030412005002	荧光灯	1. 名称：双管荧光灯 2. 规格：2×36 W $\cos\varphi \geqslant 0.9$ 3. 安装形式：链吊，底距地 2.6 m	套	214		

续表

序号	项目编码	项目名称	项目特征	计量单位	工程数量	金额/元	
						综合单价	合价
72	030411006001	接线盒	1. 名称：排气扇接线盒 2. 材质：塑料 3. 规格：86 H 4. 安装形式：暗装	个	8		
73	030411006002	接线盒	1. 名称：灯头盒 2. 材质：塑料 3. 规格：86 H 4. 安装形式：暗装	个	427		
74	030411006003	接线盒	1. 名称：开关盒、插座盒 2. 材质：塑料 3. 规格：86 H 4. 安装形式：暗装	个	305		
75	030414002001	送配电装置系统	1. 名称：低压系统调试 2. 电压等级(kV)：1 kV 以下 3. 类型：综合	系统	1		
76	030414011001	接地装置	1. 名称：系统调试 2. 类别：接地网	系统	1		
		本页小计					
		合计					

表 2-9　总价措施项目清单与计价表[①]

工程名称：广联达办公大厦电气照明安装工程　　　　第　页　共　页

序号	项目编码	项目名称	计算基础	费率/%	金额/元	调整费率/%	调整后金额/元	备注
1	031302001001	安全文明施工费	分部分项人工费	26.57				
2	031302007001	夜间施工费	分部分项人工费					
3	031301017001	二次搬运费	分部分项人工费					
4	031302005001	冬雨期施工增加费	分部分项人工费					
5	031302006001	已完工程及设备保护	分部分项人工费					
6	粤 0313009001	文明工地增加费	分部分项人工费					
合　计								
注：本表适用于以“项”计价的措施项目。								

① 措施项目清单的编制应考虑多种因素，编制时力求全面。除工程本身因素外，还涉及水文、气象、环境、安全和施工企业的实际情况等所需的措施项目。

表 2-10　其他项目清单与计价汇总表

工程名称：广联达办公大厦电气照明安装工程　　　　　　　　　　　　第　页　共　页

序号	项目名称	金额/元	结算金额/元	备注
1	暂列金额①	25 000		
2	暂估价②			
2.1	材料暂估价		—	
2.2	专业工程暂估价			
3	计日工③			
4	总承包服务费			
5	索赔与现场签证			
合　计				
注：材料暂估单价进入清单项目综合单价，此处不汇总。				

表 2-11　计日工表④

工程名称：广联达办公大厦电气照明安装工程　　　　　　　　　　　　第　页　共　页

编号	项目名称	单位	暂定数量	实际数量	综合单价/元	合价/元	
						暂定	实际
一	人　工						
1	电工	工日	12				
2	搬运工	工日	5				
3							
人工小计							
二	材　料						
1	BV-2.5 mm^2	m	500				
2	PC20	m	100				
3							
材 料 小 计							
三	施工机械						
1							
施工机械小计							
四、企业管理费和利润							
合　计							
注：此表项目名称、数量由招标人填写，编制招标控制价时，单价由招标人按有关计价规定确定；投标时，单价由投标人自助报价，计入投标总价中。							

① 暂列金额：招标人在工程量清单中暂定并包括在合同价款中的一笔款项。它用于施工合同签订时尚未确定或者不可预见的所需材料、设备、服务的采购，施工中可能发生的工程变更、合同约定调整因素出现时的工程价款调整以及发生的索赔、现场签证确认等的费用。暂列金额由招标人根据工程特点，按有关计价规定进行估算确定，一般可以分部分项工程量清单费的10%～15%作为参考。本项目在前面总说明里已经说明暂列金额为1万元。

② 暂估价：暂估价是指招标阶段直至签订合同协议时，招标人在招标文件中提供的用于支付必然要发生但暂时不能确定价格的材料以及需另行发包的专业工程所需的费用。

③ 计日工俗称“点工”，在施工过程中，完成发包人提出的工程合同范围以外的零星项目或工作，按合同中约定的综合单价计价。发生就列计日工表，不发生就不列。

④ 此表列出工程合同范围以外需要施工单位提供的人工、材料、机械数量，供施工单位报价。

表 2-12　规费、税金项目清单及计价表

工程名称：广联达办公大厦电气照明安装工程　　　　第　页　共　页

序号	项目名称	计算基础	计算基数	费率/%	金额/元
1	规费				
1.1	工程排污费	分部分项工程费＋措施项目费＋其他项目费		0.1	
1.2	社会保险费	分部分项工程费＋措施项目费＋其他项目费		29.14	
1.3	住房公积金	分部分项工程费＋措施项目费＋其他项目费		1.59	
1.4	危险作业意外伤害保险	分部分项工程费＋措施项目费＋其他项目费		0.10	
2	税金(含防洪工程维护费)	分部分项工程费＋措施项目费＋其他项目费＋规费		3.527	
合　计					

表 2-13　承包人提供主要材料和工程设备一览表①

工程名称：广联达办公大厦给电气照明安装工程　　　　第　页　共　页

序号	名称、规格、型号	单位	数量	风险系数/%	基准单价/元	投标单价/元	单价/元	备注
1	AA1	台	1					
2	AA2	台	1					
3	ALD1	台	1					
4	AL1	台	1					
5	AL2	台	1					
6	AL3	台	1					
7	AL4	台	1					
8	AL1－1	台	1					
9	AL2－1	台	1					
10	AL3－1	台	1					
11	AL3－2	台	1					
12	AL4-1	台	1					
13	AL4-2	台	1					
14	AL4-3	台	1					
15	WD-DT	台	1					
16	AP-RD	台	1					
17	QSB-AC	台	1					
18	AC-PY-BF1	台	1					
19	AC-SF-BF1	台	1					
20	单极开关	个	55					

① 除合同约定的发包人提供的甲供材料外，合同工程所需的其他材料和工程设备应由承包人提供，承包人提供的材料和工程设备均应由承包人负责采购、运输和保管。

续表

序号	名称、规格、型号	单位	数量	风险系数/%	基准单价/元	投标单价/元	单价/元	备注
21	双极开关	个	13					
22	三极开关	个	44					
23	单相二三极插座	个	150					
24	防水插座	个	8					
25	单相三极插座 20 A	个	11					
26	单相三极插座 16 A	个	28					
27	YJV-4×35+1×16	m	114.31					
28	YJV-4×25+1×16	m	66.89					
29	YJV-5×16	m	45.31					
30	YJV-5×6	m	60.68					
31	YJV-5×4	m	21.53					
32	NYYJV-4×25+1×16	m	15.8					
33	RC100	m	24.32					
34	SC50	m	11.00					
35	SC40	m	8.80					
36	SC32	m	5.10					
37	SC25	m	7.42					
38	SC20	m	754.34					
39	SC15	m	7.30					
40	JDG25	m	5.40					
41	JDG20	m	48.00					
42	JDG16	m	44.80					
43	PC25	m	1 062.06					
44	PC20	m	1 604.53					
45	SR300×100	m	13.83					
46	SR200×10	m	209.18					
47	SR100×50	m	69.55					
48	NHBV-2.5(线槽)	m	261.42					
49	NHBV-2.5(穿管)	m	2 278.02					
50	NHBV－4(穿管)	m	31.26					
51	ZRBV－2.5(穿管)	m	148.80					
52	BV-2.5(线槽)	m	1 828.47					
53	BV-2.5(穿管)	m	5 232.67					
54	BV-4(线槽)	m	2 456.73					
55	BV-4(穿管)	m	3 281.28					
56	BV-10(线槽)	m	448.98					
57	BV-10(穿管)	m	26.00					
58	BV-16(线槽)	m	200.1					
59	吸顶灯	套	73					
60	灯头座	套	10					
61	壁灯	套	35					

续表

序号	名称、规格、型号	单位	数量	风险系数/%	基准单价/元	投标单价/元	单价/元	备注
62	防水防尘灯	套	24					
63	安全出口指示灯	套	12					
64	单向疏散指示灯	套	11					
65	双向疏散指示灯	套	3					
66	单管荧光灯	套	42					
67	双管荧光灯	套	214					
68	排风扇接线盒	个	8					
69	灯头盒	个	427					
70	开关、插座盒	个	305					

六、编制工程量清单计价表的步骤

(1)报价文件编制的依据准备齐全(包括施工图、施工组织设计、工程量清单文件、使用的定额、市场询价文件等)。

(2)熟悉施工组织设计和所要使用的定额。尤其是对定额的项目划分、子目工作内容、计算规则等与工程量清单的规定进行比较(注：此项工作是为防止漏项打基础)。

(3)根据以上文件和依据，计算工程的计价工程量即定额实际工程量(注意与清单量的区别)。

(4)编制计价工程量时要注意：

1)同一项目名称的分项工程，清单规则里包括的工作项目往往是多个定额项目的综合，要注意结合定额的项目划分和施工组织设计，将项目列全，防止漏算项目。

2)在罗列分项工程的计价工程量项目时，要注意定额子目中的工作内容，防止漏项。

3)计价工程量的计算是依据所使用的定额计算规则，所使用的定额不同，某些分项工程的计算规则可能会有一些不同。

(5)编制综合单价分析表，确定综合单价。过程如下：

1)选定定额用来确定各分项工程工程量的工料机消耗量。

2)市场询价或参考各省市发布的工料机造价指数，用来确定工料机单价。

3)根据市场和企业自身情况，确定管理费和利润风险费率，以及计算基础。

4)根据各分项工程的计价工程量，在定额中找出对应的子目，套用算出相应的工料机消耗量，结合市场价格算出各分项工程的工料机价格(不要漏项)。

5)编写综合单价分析表，算出各分项工程的综合单价。

(6)填写分部分项工程量清单计价表，汇总分部分项工程费用。

七、编制完整招标控制价

编制依据为“计算规范”、电气照明工程工程量清单、《广东省安装工程综合定额(2010)》，根据广东省建设工程造价管理总站公布的相关资料，2016 年第四季度人工费为 110 元/工人，辅材价差 20%，机械价差为 30%，利润为 18%，未计价材料价格按市场价确定。

招标控制价编制包括表格：

(1)招标控制价封面(表 2-14)；

(2)招标控制价扉页(表 2-15);
(3)总说明(表 2-16);
(4)单位工程招标控制价汇总表(表 2-17);
(5)分部分项工程量清单与计价表(表 2-18);
(6)综合单价分析表(表 2-19～表 2-66);
(7)总价措施项目清单与计价表(表 2-67);
(8)其他项目清单与计价汇总表(表 2-68);
(9)计日工表(表 2-69);
(10)规费、税金项目清单与计价表(表 2-70);
(11)承包人提供主要材料和工程设备一览表(表 2-71)。

表 2-14 招标控制价封面

<table>
<tr><td>

广联达办公大厦电气照明安装工程 工程

招 标 控 制 价

招 标 人:（甲方单位名称）
（单位公章）

造价咨询人:（某委托造价咨询公司）
（单位公章）

年 月 日

</td></tr>
</table>

表 2-15　招标控制价扉页

招 标 控 制 价

投标总价(小写)：327 747.70 元

(大写)：叁拾贰万柒仟柒佰肆拾柒圆柒角零分

招　标　人：甲方单位名称(同清单单位)
(单位盖章)

造价咨询人：乙方单位名称(同清单单位)
(单位资质专用章)

法定代表人
或其授权人：甲方法人姓名(同清单法人)
(签字或盖章)

法定代表人
或其授权人：乙方法人姓名(同清单法人)
(签字或盖章)

编　制　人：(人名)
(造价人员签字盖专用章)

复　核　人：(人名，不能与编制人相同)
(造价工程师签字盖专用章)

编制时间：　　年　　月　　日

复核时间：　　年　　月　　日

表 2-16　总说明[①]

工程名称：广联达办公大厦电气照明安装工程　　　　　　　　　　　　　第　页　共　页

(1)工程概况：本工程为广州市辖区内某办公大厦，建筑物用地概貌属于平缓场地，本建筑为二类多层办公建筑，总建筑面积为 4 745.6 m^2，地下一层，地上四层，建筑高度为 15.2 m。

(2)招标范围：施工图纸范围内的电气照明安装工程。

(3)工期：30 个日历天。

(4)编制依据：根据招标人提供的招标文件及招标工程量清单以及国家标准《通用安装工程工程量计算规范》(GB 50856—2013)、《广东省建设工程计价通则(2010)》《广东省安装工程综合定额(2010)》及设计图纸为依据进行招标控制价编制。

(5)以一类地区计收管理费，人工价差结合本企业的实际情况取定为 110 元/工日。辅材价差为按综合定额调增 20%，机械费价差为 30%，利润为 18%，防洪工程维护费费率为 0.05%。

(6)按照招标文件要求，本工程获得市级文明工地和工程质量标准为市级质量奖。

(7)预留金数为 2.5 万元。

表 2-17　单位工程招标控制价汇总表

工程名称：广联达办公大厦电气照明安装工程　　　　　　　　　　　　　第　页　共　页

序号	单位工程名称	金额/元
1	分部分项工程量清单计价合计	263 568.34
2	措施项目清单计价合计	17 873.04
3	其他项目清单计价合计	28 252.00
4	规费	6 888.48
5	税金	11 165.84
	合计	327 747.70

① 总说明不能空，一般必须填写五个方面：工程概况；工程招标和分包范围；招标控制价编制依据；工程质量、材料、施工等的特殊要求；其他需要说明的问题。

表 2-18　分部分项工程量清单与计价表①

工程名称：广联达办公大厦电气照明安装工程　　　　第　页　共　页

序号	项目编码②	项目名称	项目特征	计量单位	工程数量	金额/元	
						综合单价	合价
1	030404017001	配电箱	1. 名称：配电箱 AA1 2. 规格：800(*W*)×2 200(*H*)×800(*D*) 3. 安装方式：(落地安装)	台	1	2 135.88	2 135.88
2	030404017002	配电箱	1. 名称：配电箱 AA2 2. 规格：800(*W*)×2 200(*H*)×800(*D*) 3. 安装方式：(落地安装)	台	1	2 135.88	2 135.88
3	030404017003	配电箱	1. 名称：照明配电箱 ALD1 2. 规格：800(*W*)×1 000(*H*)×200(*D*) 3. 安装方式：距地 1 m 明装	台	1	1 560.85	1 560.85
4	030404017004	配电箱	1. 名称：照明配电箱 AL1 2. 规格：800(*W*)×1 000(*H*)×200(*D*) 3. 端子板外部接线材质、规格：5 个 BV10 mm^2 4. 安装方式：距地 1 m 明装	台	1	1 612.62	1 612.62
5	030404017005	配电箱	1. 名称：照明配电箱 AL2 2. 规格：800(*W*)×1 000(*H*)×200(*D*) 3. 端子板外部接线材质、规格：5 个 BV10 mm^2 4. 安装方式：距地 1 m 明装	台	1	1 612.62	1 612.62
6	030404017006	配电箱	1. 名称：照明配电箱 AL3 2. 规格：800(*W*)×1 000(*H*)×200(*D*) 3. 端子板外部接线材质、规格：10 个 BV16 mm^2 4. 安装方式：距地 1 m 明装	台	1	1 612.62	1 612.62
7	030404017007	配电箱	1. 名称：照明配电箱 AL4 2. 规格：800(*W*)×1 000(*H*)×200(*D*) 3. 端子板外部接线材质、规格：10 个 BV10 mm^2，5 个 BV16 mm^2 4. 安装方式：距地 1 m 明装	台	1	1 716.15	1 716.15

① 工程量清单计价表，是在原有工程量清单的基础上进行报价，不得改变项目编码、项目名称、项目特征、计量单位、工程量等招标单位已填写内容，只是根据相应特征对所有项目进行报价，填写综合单价、合价(单价×数量)。

② 项目编码、项目名称、项目特征、计量单位、工程量与工程量清单表完全一致。

续表

序号	项目编码	项目名称	项目特征	计量单位	工程数量	金额/元	
						综合单价	合价
8	030404017008	配电箱	1. 名称：照明配电箱 AL1－1 2. 规格：400(*W*)×600(*H*)×140(*D*) 3. 端子板外部接线材质、规格：5 个 BV10 mm^2 4. 安装方式：距地 1.2 m 明装	台	1	1 096.2	1 096.2
9	030404017009	配电箱	1. 名称：照明配电箱 AL2－1 2. 规格：400(*W*)×600(*H*)×140(*D*) 3. 端子板外部接线材质、规格：5 个 BV10 mm^2 4. 安装方式：距地 1.2 m 明装	台	1	1 096.2	1 096.2
10	030404017010	配电箱	1. 名称：照明配电箱 AL3－1 2. 规格：400(*W*)×600(*H*)×140(*D*) 3. 端子板外部接线材质、规格：5 个 BV16 mm^2 4. 安装方式：距地 1.2 m 明装	台	1	1 096.2	1 096.2
11	030404017011	配电箱	1. 名称：照明配电箱 AL3－2 2. 规格：400(*W*)×600(*H*)×140(*D*) 3. 端子板外部接线材质、规格：5 个 BV16 mm^2 4. 安装方式：距地 1.2 m 明装	台	1	1 096.2	1 096.2
12	030404017012	配电箱	1. 名称：照明配电箱 AL4－1 2. 规格：400(*W*)×600(*H*)×140(*D*) 3. 端子板外部接线材质、规格：5 个 BV10 mm^2 4. 安装方式：距地 1.2 m 明装	台	1	1 096.2	1 096.2
13	030404017013	配电箱	1. 名称：照明配电箱 AL4－2 2. 规格：400(*W*)×600(*H*)×140(*D*) 3. 端子板外部接线材质、规格：5 个 BV10 mm^2 4. 安装方式：距地 1.2 m 明装	台	1	1 096.2	1 096.2

续表

序号	项目编码	项目名称	项目特征	计量单位	工程数量	金额/元	
						综合单价	合价
14	030404017014	配电箱	1. 名称：照明配电箱 AL4－3 2. 规格：400(*W*)×600(*H*)×140(*D*) 3. 端子板外部接线材质、规格：5个 BV16 mm^2 4. 安装方式：距地 1.2 m 明装	台	1	1 096.2	1 096.2
15	030404017015	配电箱	1. 名称：电梯配电柜 WD－DT 2. 规格：宽×高×厚＝600×1 800×300 3. 安装方式：落地安装	台	1	844.43	844.43
16	030404017016	配电箱	1. 名称：弱电室配电箱AP－RD 2. 规格：400(*W*)×600(*H*)×140(*D*) 3. 安装方式：距地 1.5 m	台	1	844.43	844.43
17	030404017017	配电箱	1. 名称：潜水泵控制箱 QSB－AC 2. 规格：宽×高×厚＝600×850×300 4. 安装方式：距地 2.0 m(明装)	台	1	844.43	844.43
18	030404017018	配电箱	1. 名称：排烟风机控制箱 AC－PY－BF1 2. 规格：宽×高×厚＝600×800×200 3. 安装方式：(明装)距地 2.0 m	台	1	844.43	844.43
19	030404017019	配电箱	1. 名称：送风机控制箱 AC－SF－BF1 2. 规格：宽×高×厚＝600×800×200 3. 安装方式：(明装)距地 2.0 m	台	1	844.43	844.43
20	030404034001	照明开关	1. 名称：单控单联跷板开关 2. 规格：250 V、10 A 3. 安装方式：暗装，底距地 1.3 m	个	55	21.04	1 157.20
21	030404034002	照明开关	1. 名称：单控双联跷板开关 2. 规格：250 V、10 A 3. 安装方式：暗装，底距地 1.3 m	个	13	23.80	309.40

续表

序号	项目编码	项目名称	项目特征	计量单位	工程数量	金额/元	
						综合单价	合价
22	030404034003	照明开关	1. 名称：单控三联跷板开关 2. 规格：250 V、10 A 3. 安装方式：暗装，底距地 1.3 m	个	44	28.18	1 239.92
23	030404035001	插座	1. 名称：单相二、三极插座 2. 规格：250 V、10 A 3. 安装方式：暗装，底距地 0.3 m	个	150	29.99	4 498.50
24	030404035002	插座	1. 名称：单相二、三极防水插座(加防水面板) 2. 规格：250 V、10 A 3. 安装方式：暗装，底距地 0.3 m	个	8	37.20	297.6
25	030404035003	插座	1. 名称：单相三极插座(柜机空调) 2. 规格：250 V、20 A 3. 安装方式：暗装，底距地 0.3 m	个	11	33.09	363.99
26	030404035004	插座	1. 名称：单相三极插座(挂机空调) 2. 规格：250 V、16 A 3. 安装方式：暗装，底距地 2.5 m	个	28	31.35	877.8
27	030408001001	电力电缆	1. 名称：电力电缆 2. 型号：YJV-4×35+1×16 3. 材质：铜芯电缆 4. 敷设方式、部位：穿管或桥架敷设 5. 电压等级(kV)：1 kV 以下	m	114.31	134.04	15 322.11
28	030408001002	电力电缆	1. 名称：电力电缆 2. 型号：YJV3. 规格：4×25+1×16 3. 材质：铜芯电缆 4. 敷设方式、部位：穿管或桥架敷设 5. 电压等级(kV)：1 kV 以下	m	66.89	105.14	7 032.81
29	030408001003	电力电缆	1. 名称：电力电缆 2. 型号：YJV-5×16 3. 材质：铜芯电缆 4. 敷设方式、部位：穿管或桥架敷设 5. 电压等级(kV)：1 kV 以下	m	45.31	86.71	3 928.83

续表

序号	项目编码	项目名称	项目特征	计量单位	工程数量	金额/元	
						综合单价	合价
30	030408001004	电力电缆[①]	1. 名称：电力电缆 2. 型号：YJV-5×6 3. 材质：铜芯电缆 4. 敷设方式、部位：穿管或桥架敷设 5. 电压等级(kV)：1 kV 以下	m	60.68	38.56	2 339.82
31	030408001005	电力电缆	1. 名称：电力电缆 2. 型号：YJV-5×4 3. 材质：铜芯电缆 4. 敷设方式、部位：穿管或桥架敷设 5. 电压等级(kV)：1 kV 以下	m	21.53	28.42	611.88
32	030408001006	电力电缆	1. 名称：电力电缆 2. 型号：NHYJV-4×25+1×16 3. 材质：铜芯电缆 4. 敷设方式、部位：穿管或桥架敷设 5. 电压等级(kV)：1 kV 以下	m	15.80	123.88	1 957.30
33	030408006001	电力电缆头	1. 名称：电力电缆头 2. 型号：YJV-4×35+1×16 3. 材质、类型：铜芯电缆干包式 4. 安装部位：配电箱 5. 电压等级(kV)：1 kV 以下	个	8	143.69	1 149.52
34	030408006002	电力电缆头	1. 名称：电力电缆头 2. 型号：YJV-4×25+1×16 3. 材质、类型：铜芯电缆干包式 4. 安装部位：配电箱 5. 电压等级(kV)：1 kV 以下	个	4	143.69	574.76
35	030408006003	电力电缆头	1. 名称：电力电缆头 2. 型号：YJV-5×16 3. 材质、类型：铜芯电缆干包式 4. 安装部位：配电箱 5. 电压等级(kV)：1 kV 以下	个	4	143.69	574.76
36	030408006006	电力电缆头	1. 名称：电力电缆头 2. 型号：NHYJV-4×25+1×16 3. 材质、类型：铜芯电缆干包式 4. 安装部位：配电箱 5. 电压等级(kV)：1 kV 以下	个	2	143.69	287.38

① 电力电缆单芯截面在 10 mm^2 以下不需要电缆头，可以直接压线。

续表

序号	项目编码	项目名称	项目特征	计量单位	工程数量	金额/元	
						综合单价	合价
37	030408003001	电缆保护管	1. 材质：水煤气钢管 2. 规格：RC100 3. 配置形式：无基础暗配	m	24.32	70.15	1 706.05
38	030411001001	配管	1. 材质：焊接钢管 2. 规格：SC50 3. 配置形式：暗配	m	11.00	41.74	459.14
39	030411001002	配管	1. 名称：钢管 2. 材质：焊接钢管 3. 规格：SC40 4. 配置形式：暗配	m	8.80	35.23	310.02
40	030411001003	配管	1. 名称：钢管 2. 材质：焊接钢管 3. 规格：SC32 4. 配置形式：暗配	m	5.1	25.17	128.37
41	030411001004	配管	1. 名称：钢管 2. 材质：焊接钢管 3. 规格：SC25 4. 配置形式：暗配	m	7.42	21.72	161.16
42	030411001005	配管	1. 名称：钢管 2. 材质：焊接钢管 3. 规格：SC20 4. 配置形式：暗配	m	754.34	16.26	12 265.57
43	030411001006	配管	1. 名称：钢管 2. 材质：焊接钢管 3. 规格：SC15 4. 配置形式：暗配	m	7.30	13.87	101.25
44	030411001007	配管	1. 名称：刚性阻燃管 2. 材质：紧定式钢管 3. 规格：JDG25 4. 配置形式：暗配	m	5.40	26.79	144.67
45	030411001008	配管	1. 名称：刚性阻燃管 2. 材质：紧定式钢管 3. 规格：JDG20 4. 配置形式：暗配	m	48.00	24.39	1 170.72
46	030411001009	配管	1. 名称：刚性阻燃管 2. 材质：紧定式钢管 3. 规格：JDG16 4. 配置形式：暗配	m	44.80	21.75	974.40

续表

序号	项目编码	项目名称	项目特征	计量单位	工程数量	金额/元	
						综合单价	合价
47	030411001010	配管	1. 名称：刚性阻燃管 2. 材质：PVC 3. 规格：PC25	m	1 062.06	11.93	12 670.38
48	030411001011	配管	1. 名称：刚性阻燃管 2. 材质：PVC 3. 规格：PC20	m	1 604.53	10.61	17 024.06
49	030411003001	桥架	1. 名称：桥架安装 2. 规格：300×100 3. 材质：钢制 4. 类型：槽式	m	13.83	193.55	2 676.80
50	030411003002	桥架	1. 名称：桥架安装 2. 规格：200×100 3. 材质：钢制 4. 类型：槽式	m	209.18	164.15	34 336.90
51	030411003003	桥架	1. 名称：桥架安装 2. 规格：100×50 3. 材质：钢制 4. 类型：槽式	m	69.55	84.84	5 900.62
52	030411004001	配线	1. 名称：线槽配线 2. 配线形式：照明线路 3. 型号：NHBV-2.5 4. 材质：铜芯线	m	261.42	3.39	886.21
53	030411004002	配线	1. 名称：管内穿线 2. 配线形式：照明线路 3. 型号：NHBV-2.5 4. 材质：铜芯线	m	2 278.02	3.77	8 588.14
54	030411004003	配线	1. 名称：管内穿线 2. 配线形式：照明线路 3. 型号：NHBV-4 4. 材质：铜芯线	m	31.26	4.78	149.42
55	030411004004	配线	1. 名称：管内穿线 2. 配线形式：照明线路 3. 型号：ZRBV-2.5 4. 材质：铜芯线	m	148.80	3.22	479.14
56	030411004005	配线	1. 名称：线槽配线 2. 配线形式：照明线路 3. 型号：BV-2.5 4. 材质：铜芯线	m	1 828.47	2.82	5 156.29

续表

序号	项目编码	项目名称	项目特征	计量单位	工程数量	金额/元	
						综合单价	合价
57	030411004006	配线	1. 名称：管内穿线 2. 配线形式：照明线路 3. 型号：BV-2.5 4. 材质：铜芯线	m	5 232.67	3.13	16 378.26
58	030411004007	配线	1. 名称：线槽配线 2. 配线形式：照明线路 3. 型号：BV-4 4. 材质：铜芯线	m	2 456.73	4.1	10 072.59
59	030411004008	配线	1. 名称：管内穿线 2. 配线形式：照明线路 3. 型号：BV-4 4. 材质：铜芯线	m	3 281.28	3.8	12 468.86
60	030411004009	配线	1. 名称：线槽配线 2. 配线形式：照明线路 3. 型号：BV-10 4. 材质：铜芯线	m	448.98	9.02	4 049.80
61	030411004010	配线	1. 名称：管内穿线 2. 配线形式：照明线路 3. 型号：BV-10 4. 材质：铜芯线	m	26.00	8.59	223.34
62	030411004011	配线	1. 名称：线槽配线 2. 配线形式：照明线路 3. 型号：BV-16 4. 材质：铜芯线	m	200.1	13.06	2 613.31
63	030412001001	普通灯具	1. 名称：吸顶灯(灯头) 2. 规格：1×13 W $\cos\varphi \geqslant 0.9$ 3. 类型：吸顶安装	套	73	57.88	4 225.24
64	030412001002	普通灯具	1. 名称：墙上座灯 2. 规格：1×13 W $\cos\varphi \geqslant 0.9$ 3. 类型：明装，门楣上 100	套	10	30.38	303.80
65	030412001003	普通灯具	1. 名称：壁灯 2. 型号：自带蓄电池 $t \geqslant 90$ min 3. 规格：1×13 W $\cos\varphi \geqslant 0.9$ 4. 类型：明装，底距地 2.5 m	套	35	80.61	2 821.35
66	030412002001	工厂灯	1. 名称：防水防尘灯 2. 规格：1×13 W $\cos\varphi \geqslant 0.9$ 3. 安装形式：吸顶安装	套	24	76.91	1 845.84

续表

序号	项目编码	项目名称	项目特征	计量单位	工程数量	金额/元	
						综合单价	合价
67	030412004001	装饰灯	1. 名称：安全出口指示灯 2. 型号：自带蓄电池 $t \geqslant 90$ min 3. 规格：1×8 W LED 4. 安装形式：明装，门楣上 100 mm	套	12	126.06	1 512.72
68	030412004002	装饰灯	1. 名称：单向疏散指示灯 2. 型号：自带蓄电池 $t \geqslant 90$ min 3. 规格：1×8 W LED 4. 安装形式：一般暗装底距地 0.5 m，部分管吊底距地 2.5 m	套	11	181.61	1 997.71
69	030412004003	装饰灯	1. 名称：双向疏散指示灯 2. 型号：自带蓄电池 $t \geqslant 90$ min 3. 规格：1×8 W LED 4. 安装形式：一般暗装底距地 0.5 m，部分管吊底距地 2.5 m	套	3	201.81	605.43
70	030412005001	荧光灯	1. 名称：单管荧光灯 2. 规格：1×36 W $\cos\varphi \geqslant 0.9$ 3. 安装形式：链吊，底距地 2.6 m	套	42	76.84	3 227.28
71	030412005002	荧光灯	1. 名称：双管荧光灯 2. 规格：2×36 W $\cos\varphi \geqslant 0.9$ 3. 安装形式：链吊，底距地 2.6 m	套	214	98.05	20 982.70
72	030411006001	接线盒	1. 名称：排气扇接线盒 2. 材质：塑料 3. 规格：86 H 4. 安装形式：暗装	个	8	8.68	69.44
73	030411006002	接线盒	1. 名称：灯头盒 2. 材质：塑料 3. 规格：86 H 4. 安装形式：暗装	个	427	8.42	3 595.34
74	030411006003	接线盒	1. 名称：开关盒、插座盒 2. 材质：塑料 3. 规格：86 H 4. 安装形式：暗装	个	305	7.76	2 366.80
75	030414002001	送配电装置系统	1. 名称：低压系统调试 2. 电压等级(kV)：1 kV 以下 3. 类型：综合	系统	1	1 302.48	1 302.48
76	030414011001	接地装置	1. 名称：系统调试 2. 类别：接地网	系统	1	810.69	810.69
		合计					263 568.34
		其中人工费					67 267.76

表 2-19　综合单价分析表

工程名称：广联达办公大厦给电气照明安装工程　　　　　　　　　　第 1、2 页　共 76 页

项目编码	030404017001①	项目名称	配电箱	计量单位	台	清单工程量	1

清单综合单价组成明细													
定额编号	定额名称	定额单位	数量	单价					合价				
				人工费	材料费	机械费	管理费	利润	人工费	材料费	机械费	管理费	利润
C2-4-27 ②	落地式配电柜	台 ③	1	316.26 ④	30.88 ⑤	89.67 ⑥	42.14 ⑦	56.93 ⑧	316.26 ⑨	30.88	89.67	42.14	56.93
人工单价		小计							316.26	30.88	89.67	42.14	56.93
110 元/工日		未计价材料费							1 600.00				
清单项目综合单价									2 135.88⑩				

材料费明细	主要材料名称、规格、型号	单位	数量	单价/元	合价/元	暂估单价/元	暂估合价/元
	AA1	台	1.00	1 600	1 600.00		
	其他材料费						
	材料费小计				1 600		

① 项目编码、项目名称都是照抄清单中的对应项目。

② 计算综合单价根据“计算规范”中相对应项目的工作内容计算，“计算规范”中配电箱对应的工作内容包括：本体安装、基础型钢制作安装、焊压接线端子、补刷油漆、接地。本工程为室内落地安装，进出配电箱均为电缆，不需接线端子，补漆、接地包括在配电箱的安装定额内。定额 C2-4-27 包括的工作内容：开箱、检查、安装、查校线、接线、补漆。从材料列表里还可看出配电箱本体为计价材料。

③ 单位是相对应定额表表头的单位：台。

④ 人工费不能直接使用定额中的人工费 146.63 元，定额中人工费 146.63 元的计算过程是 51 元/工日×2.875 工日得来的，51 元/工日是 2010 定额的人工单价，2016 年第四季度人工单价已经是 110 元/工日了，所以人工费＝110×2.875＝316.26 元。这种调换方式，适用于不同时期的人工单价。

⑤ 材料费也不能直接使用定额中的材料费 25.73 元，定额中的材料单价是按 2009 年第二季度的材料单价，现在编制 2016 年第四季度的控制价，材料价上涨 20%，所以材料费＝25.73×1.2＝30.88 元。

⑥ 机械费也不能直接使用定额中的材料费 68.98 元，定额中的机械台班单价是按 2009 年第二季度的机械台班单价，现在编制 2016 年第四季度的控制价，机械台班单价上涨 30%，所以机械费＝68.98×1.3＝89.67 元。

⑦ 管理费的一、二、三、四类取费，是按照工程所在地区分类取费的。管理费按城市划分为四个地区类别，分别为：一类地区：广州、深圳；二类地区：珠海、佛山、东莞、中山；三类地区：汕头、惠州、江门；四类地区：韶关、河源、梅州、汕尾、阳江、湛江、茂名、肇庆、清远、潮州、揭阳、云浮。本工程所在地为广州市，所以取一类，管理费不调整。

⑧ 利润的计取为人工费的百分比，编制招标控制价为 18%，利润为 316.26×18%＝56.93 元。

⑨ 合价部分的人工费为单价部分的人工费×数量，所以合价部分的人工费＝316.26×1＝316.26 元，合价部分的材料费、机械费、管理费、利润等的计算方法相同。

⑩ 综合单价＝小计的人工费＋小计的材料费＋小计的机械费＋小计的管理费＋小计的利润＋未计价材料费。

表 2-20　综合单价分析表

工程名称：广联达办公大厦给电气照明安装工程　　　　　　　　　　　　　　　　　　第 3 页　共 76 页

项目编码	030404017003	项目名称	配电箱	计量单位	台	清单工程量	1

清单综合单价组成明细													
定额编号	定额名称	定额单位	数量	单价					合价				
				人工费	材料费	机械费	管理费	利润	人工费	材料费	机械费	管理费	利润
C2-4-31 ①	嵌入式配电箱周长 2.5	台	1	243.98	32.24	8.20	32.51	43.92	243.98	32.24	8.20	32.51	43.92
							0						
							0						
人工单价		小计							243.98②	32.24	8.20	32.51	43.92
110 元/工日		未计价材料费							1 200.00③				
清单项目综合单价									1 560.85				

材料费明细④	主要材料名称、规格、型号	单位	数量	单价/元	合价/元	暂估单价/元	暂估合价/元
	ALD1⑤	台	1.00	1 200 ⑥	1 200.00 ⑦		
	其他材料费						
	材料费小计				1 200.00 ⑧		

① ALD1 配电箱嵌入式安装，安装高度为 1.3 m，配电箱规格为 800 mm×1 000 mm×200 mm，半周长为 0.8+1 = 1.8 m，所以套用定额 C2-4-31 半周长 2.5 m 以内定额。计算规范中配电箱对应的工作内容包括：本体安装、基础型钢制作安装、焊压接线端子、补刷油漆、接地。本工程为嵌入式安装，进配电箱为电缆，不需接线端子，出配电箱为 2.5 mm^2，4 mm^2 电线，不需接线端子。补漆、接地工作内容包括在配电箱的安装定额内。定额 C2-4-31 的工作内容包括：开箱、检查、安装、查校线、接线、补漆。因此本综合单价分析表只需列一项定额费用。

② 小计部分的人工费是计算每台配电箱的安装费，小计人工费＝合计的人工费(243.98)/清单工程量(1)＝243.98 元。小计的材料费、机械费、管理费、利润计算方法与人工费的计算方法相同。

③ 未计价材料费＝材料费小计。

④ 在安装工程综合单价分析表里，材料费明细只列未计价材料(主材)，已包括的计价材料不需列在材料费明细表内，因此未计价材料费和下面的材料费小计中的数量相同。

⑤ 在电气的定额中，很多未计价材料的消耗量，不显示在定额表中，损耗率集中列在最后的附录里。

⑥ 配电箱的材料单价。配电箱作为未计价材料，其价格应按建设当地的市场价格、施工合同或双方签证的价格计算，其价格应该包括材料供应价、运杂费用、运输损耗、采保费，通过网络、市场等方式询价得来。

⑦ 材料合价＝1(数量)×1 200(单价)＝1 200 元。

⑧ 材料小计为安装每个配电箱所需主材费＝主材费合计(1 200)/清单工程量(1)＝1 200.00 元。

表 2-21　综合单价分析表

工程名称：广联达办公大厦给电气照明安装工程　　　　　　　　第 4、5、6 页　共 76 页

项目编码	030404017004	项目名称	配电箱	计量单位	台	清单工程量	1

清单综合单价组成明细												
定额编号	定额名称	定额单位	数量	单价					合价			
				人工费	材料费	机械费	管理费	利润	人工费	材料费	机械费	管理费	利润
C2-4-31	嵌入式配电箱周长 2.5	台	1	243.98	32.24	8.20	32.51	43.92	243.98	32.24	8.20	32.51	43.92
C2-4-118 ①	铜压线端子	10 个	0.5	38.28	43.56	0.00	5.1	6.89	19.14	21.78	0.00	2.55	3.45
人工单价		小计							263.12	54.02	8.20	35.06	47.37
110 元/工日		未计价材料费							1 204.85				
清单项目综合单价									1 612.62				

材料费明细	主要材料名称、规格、型号	单位	数量	单价/元	合价/元	暂估单价/元	暂估合价/元
	AL1	台	1.00	1 200	1 200.00		
	铜压线端子 10 mm² ②	个	5	0.97	4.85		
	其他材料费						
	材料费小计				1 204.85		

① 本配电箱有 5 根 10mm² 的电线与配电箱相连，需要焊接接线端子，使用定额 C2-14-118，在计算规范里接线端子是包括在配电箱的工作内容内，因此接线端子的费用包括在配电箱的综合单价内的。

② 铜接线端子 16 mm² 的价格与 10 mm² 价格相同。

表 2-22 综合单价分析表

工程名称：广联达办公大厦给电气照明安装工程　　　　第 7 页 共 76 页

项目编码	030404017007	项目名称	配电箱					计量单位	台		清单工程量	1	
清单综合单价组成明细													
定额编号	定额名称	定额单位	数量	单价					合价				
				人工费	材料费	机械费	管理费	利润	人工费	材料费	机械费	管理费	利润
C2-4-31	嵌入式配电箱周长 2.5	台	1	243.98	32.24	8.20	32.51	43.92	243.98	32.24	8.20	32.51	43.92
C2-4-118	铜压线端子	10 个	1.5	38.28	43.56	0.00	5.1	6.89	57.42	65.34	0.00	7.65	10.34
人工单价		小计							301.40	97.58	8.20	40.16	54.26
110 元/工日		未计价材料费							1 214.55				
清单项目综合单价									1 716.15				

材料费明细	主要材料名称、规格、型号	单位	数量	单价/元	合价/元	暂估单价/元	暂估合价/元
	AL4	台	1.00	1 200	1 200.00		
	铜压线端子 10 mm²	个	15	0.97	14.55		
	其他材料费						
	材料费小计				1 214.55		

表 2-23　综合单价分析表

工程名称：广联达办公大厦给电气照明安装工程　　　　　　第 8～14 页　共 76 页

项目编码	030404017008		项目名称	配电箱				计量单位	台		清单工程量		1
清单综合单价组成明细													
定额编号	定额名称	定额单位	数量	单价					合价				
				人工费	材料费	机械费	管理费	利润	人工费	材料费	机械费	管理费	利润
C2-4-29	嵌入式配电箱周长 2.5	台	1	156.86	38.44	0.00	20.9	28.23	156.86	38.44	0.00	20.90	28.23
C2-4-118	铜压线端子	10 个	0.5	38.28	43.56	0.00	5.1	6.89	19.14	21.78	0.00	2.55	3.45
人工单价		小计							176.00	60.22	0.00	23.45	31.68
110 元/工日		未计价材料费							804.85				
清单项目综合单价									1 096.20				
材料费明细	主要材料名称、规格、型号							单位	数量	单价/元	合价/元	暂估单价/元	暂估合价/元
	AL1－1(AL2－1、AL3－1、AL3－2、AL4－1、AL4－2、AL4－3)							台	1.00	800	800.00		
	铜压线端子 10 mm²							个	5	0.97	4.85		
	其他材料费												
	材料费小计										804.85		

表 2-24　综合单价分析表

工程名称：广联达办公大厦给电气照明安装工程　　　　　　第 15～19 页　共 76 页

项目编码	030404017015		项目名称	配电箱				计量单位	台		清单工程量		1
清单综合单价组成明细													
定额编号	定额名称	定额单位	数量	单价					合价				
				人工费	材料费	机械费	管理费	利润	人工费	材料费	机械费	管理费	利润
C2-4-29	嵌入式配电箱周长 2.5	台	1	156.86	38.44	0.00	20.9	28.23	156.86	38.44	0.00	20.90	28.23
人工单价		小计							156.86	38.44	0.00	20.90	28.23
110 元/工日		未计价材料费							600.00				
清单项目综合单价									844.43				
材料费明细	主要材料名称、规格、型号							单位	数量	单价/元	合价/元	暂估单价/元	暂估合价/元
	WD－DT(AP－RD、QSB－AC、AC－PY－BF1、AC－SF－BF1)							台	1.00	600	600.00		
	其他材料费												
	材料费小计										600.00		

表 2-25　综合单价分析表

工程名称：广联达办公大厦给电气照明安装工程　　　　　　　　　　　　第 20 页　共 76 页

项目编码	030404034001	项目名称	照明开关	计量单位	个	清单工程量	55						
清单综合单价组成明细													
定额编号	定额名称	定额单位	数量	单价					合价				
				人工费	材料费	机械费	管理费	利润	人工费	材料费	机械费	管理费	利润
C2-12-374 ①	单联开关	10 套	5.5	70.62	6.38	0.00	9.41	12.71	388.35	34.47	0.00	50.81	68.04
人工单价		小计							7.06	0.64	0.00	0.94	1.27
110 元/工日		未计价材料费							11.12				
清单项目综合单价									21.04				
材料费明细	主要材料名称、规格、型号					单位			数量	单价/元	合价/元	暂估单价/元	暂估合价/元
	单联开关					套			55.62 ②	10.8	600.70		
	其他材料费												
	材料费小计										11.12		

① “计算规范”中照明开关的工作内容包括：本体安装、接线。定额 C2-12-374 包括的工作内容：测位、画线、打眼、清扫盒子、上木台、缠钢丝弹簧垫、装开关和按钮、接线、装盖。因此列一项定额即可。

② 按照定额附录中开关的消损耗率为 3%计算主材数量。

表 2-26　综合单价分析表

工程名称：广联达办公大厦给电气照明安装工程　　　　　　　　　　第 21 页　共 76 页

项目编码	030404034002	项目名称	照明开关	计量单位	个	清单工程量	13

清单综合单价组成明细													
定额编号	定额名称	定额单位	数量	单价					合价				
				人工费	材料费	机械费	管理费	利润	人工费	材料费	机械费	管理费	利润
C2-12-375	双联开关	10 套	1.3	74.03	8.94	0.00	9.86	13.33	96.24	11.62	0.00	12.82	17.32
人工单价		小计							7.40	0.89	0.00	0.99	1.33
110 元/工日		未计价材料费							13.18				
清单项目综合单价									23.80				

材料费明细	主要材料名称、规格、型号	单位	数量	单价/元	合价/元	暂估单价/元	暂估合价/元
	双联开关	套	14.42	12.8	171.39		
	其他材料费						
	材料费小计				13.18		

表 2-27　综合单价分析表

工程名称：广联达办公大厦给电气照明安装工程　　　　　　　　　　第 22 页　共 76 页

项目编码	030404034003	项目名称	照明开关	计量单位	个	清单工程量	44

清单综合单价组成明细													
定额编号	定额名称	定额单位	数量	单价					合价				
				人工费	材料费	机械费	管理费	利润	人工费	材料费	机械费	管理费	利润
C2-12-376	三联开关	10 套	4.4	74.03	11.50	0.00	9.86	13.33	325.73	50.6	0.00	43.38	58.65
人工单价		小计							7.40	1.15	0.00	0.99	1.33
110 元/工日		未计价材料费							17.30				
清单项目综合单价									28.18				

材料费明细	主要材料名称、规格、型号	单位	数量	单价/元	合价/元	暂估单价/元	暂估合价/元
	三联开关	套	45.32	16.8	761.38		
	其他材料费						
	材料费小计				17.30		

表 2-28　综合单价分析表

工程名称：广联达办公大厦给电气照明安装工程　　　　第 23 页　共 76 页

项目编码	030404035001	项目名称	插座				计量单位	个		清单工程量	150		
清单综合单价组成明细													
定额编号	定额名称	定额单位	数量	单价					合价				
				人工费	材料费	机械费	管理费	利润	人工费	材料费	机械费	管理费	利润
C2-12-397 ①	单相带接地 15 A 以下	10 套	15	106.92	9.14	0.00	14.25	19.25	1 603.80	137.16	0.00	213.75	288.68
人工单价		小计							10.69	0.91	0.00	1.43	1.92
110 元/工日		未计价材料费							15.04				
清单项目综合单价									29.99				
材料费明细	主要材料名称、规格、型号							单位	数量	单价/元	合价/元	暂估单价/元	暂估合价/元
	单相二三孔插座							套	154.50 ②	14.6	2 255.70		
	其他材料费												
	材料费小计										15.04		

① “计算规范”中插座安装的工作内容包括：本体安装、接线。定额 C2-12-397 定额工作内容包括：测位、画线、打眼、清扫盒子、装插座、接线。单相二三孔插座表明是有接地线的，所以用单相带接地相应定额，暗装。

② 按定额附录计算 3%的损耗率。

表 2-29　综合单价分析表

工程名称：广联达办公大厦给电气照明安装工程　　　　　　第 24 页　共 76 页

项目编码	030404035002	项目名称	插座					计量单位	个	清单工程量		8	
清单综合单价组成明细													
定额编号	定额名称	定额单位	数量	单价					合价				
				人工费	材料费	机械费	管理费	利润	人工费	材料费	机械费	管理费	利润
C2-12-397	单相带接地 15 A 以下	10 套	0.8	106.92	9.14	0.00	14.25	19.25	85.54	7.32	0.00	11.40	15.40
人工单价		小计							10.69	0.91	0.00	1.43	1.92
110 元/工日		未计价材料费							22.25				
清单项目综合单价									37.20				
材料费明细	主要材料名称、规格、型号						单位		数量	单价/元	合价/元	暂估单价/元	暂估合价/元
	防水插座						套		8.24	21.6	177.98		
	其他材料费												
	材料费小计										22.25		

表 2-30　综合单价分析表

工程名称：广联达办公大厦给电气照明安装工程　　　　　　第 25 页　共 76 页

项目编码	030404035003	项目名称	插座					计量单位	个	清单工程量		11	
清单综合单价组成明细													
定额编号	定额名称	定额单位	数量	单价					合价				
				人工费	材料费	机械费	管理费	利润	人工费	材料费	机械费	管理费	利润
C2-12-398 ①	单相带接地 30 A 以下	10 套	1.1	94.05	15.84	0.00	12.53	16.93	103.46	17.42	0.00	13.78	18.62
人工单价		小计							9.41	1.58	0.00	1.25	1.69
110 元/工日		未计价材料费							19.16				
清单项目综合单价									33.09				
材料费明细	主要材料名称、规格、型号						单位		数量	单价/元	合价/元	暂估单价/元	暂估合价/元
	单相三极插座(柜机空调)250 V、20 A						套		11.33	18.6	210.74		
	其他材料费												
	材料费小计										19.16		

① 这个清单应该套用 30 A 单相接地定额。

表 2-31　综合单价分析表

工程名称：广联达办公大厦给电气照明安装工程　　　　　　　　　　　　　　　　第 26 页　共 76 页

项目编码	030404035004	项目名称	插座	计量单位	个	清单工程量	28

清单综合单价组成明细													
定额编号	定额名称	定额单位	数量	单价					合价				
				人工费	材料费	机械费	管理费	利润	人工费	材料费	机械费	管理费	利润
C2-12-398	单相带接地15 A以下	10套	2.8	94.05	18.98	0.00	12.53	16.93	263.34	53.16	0.00	35.08	47.40
人工单价		小计							9.41	1.90	0.00	1.25	1.69
110元/工日		未计价材料费							17.10				
清单项目综合单价									31.35				

材料费明细	主要材料名称、规格、型号	单位	数量	单价/元	合价/元	暂估单价/元	暂估合价/元
	单相三极插座(挂机空调)250 V、16 A	套	28.84	16.6	478.74		
	其他材料费						
	材料费小计				17.10		

表 2-32　综合单价分析表

工程名称：广联达办公大厦给电气照明安装工程　　　　　　　　　　　　第 27 页　共 76 页

项目编码	030408001001		项目名称		电力电缆			计量单位	m		清单工程量		114.31
清单综合单价组成明细													
定额编号	定额名称	定额单位	数量	单价					合价				
				人工费	材料费	机械费	管理费	利润	人工费	材料费	机械费	管理费	利润
C2-12-145 ×1.3①	电缆 35 mm² 以下	100 m	1.143 1	796.22	222.92	13.18	106.09	186.32	910.16	254.82	15.07	121.27	212.98
人工单价		小计							7.96	2.23	0.13	1.06	1.86
110 元/工日		未计价材料费							120.80				
清单项目综合单价									134.04				
材料费明细	主要材料名称、规格、型号							单位	数量	单价/元	合价/元	暂估单价/元	暂估合价/元
	YJV-4×35+1×16							m	115.45 ②	119.6	13 808.19		
	其他材料费												
	材料费小计										120.80		

① “计算规范”电力电缆的工作内容包括：电缆敷设、揭(盖)盖板。本工程没有电缆沟，只有电缆敷设一项内容。使用定额以电缆芯线单条最大截面为标准，所以选用定额 C2-8-145。电力电缆敷设定额均按三芯(包括三芯连地)考虑，五芯电力电缆敷设定额乘以系数 1.3，六芯电力电缆乘以系数 1.6，每增加一芯定额增加 30%，以此类推。

② 按定额附录，电缆的损耗率为 1%。

表 2-33　综合单价分析表

工程名称：广联达办公大厦给电气照明安装工程　　　　第 28 页　共 76 页

项目编码	030408001002	项目名称	电力电缆			计量单位	m	清单工程量		66.89			
清单综合单价组成明细													
定额编号	定额名称	定额单位	数量	单价					合价				
				人工费	材料费	机械费	管理费	利润	人工费	材料费	机械费	管理费	利润
C2-12-145 ×1.3	电缆 35 mm² 以下	100 m	0.668 0	706.33	333.03	13.18	106.00	143.32	[illegible]	146.75	[illegible]	[illegible]	[illegible]
人工单价		小计							7.96	2.23	0.13	1.06	1.43
110 元/工日		未计价材料费							92.32				
清单项目综合单价									105.14				
材料费明细	主要材料名称、规格、型号					单位			数量	单价/元	合价/元	暂估单价/元	暂估合价/元
	YJV-4×25+1×16					m			66.49	91.41	6 077.70		
	其他材料费												
	材料费小计										92.32		

表 2-34　综合单价分析表

工程名称：广联达办公大厦给电气照明安装工程　　　　第 29 页　共 76 页

项目编码	030408001003	项目名称	电力电缆			计量单位	m	清单工程量		45.31			
清单综合单价组成明细													
定额编号	定额名称	定额单位	数量	单价					合价				
				人工费	材料费	机械费	管理费	利润	人工费	材料费	机械费	管理费	利润
C2-12-145 ×1.3	电缆 35 mm² 以下	100 m	0.4 531	796.22	222.92	13.18	106.09	143.32	360.77	101.01	5.97	48.07	64.94
人工单价		小计							7.96	2.23	0.13	1.06	1.43
110 元/工日		未计价材料费							73.89				
清单项目综合单价									86.71				
材料费明细	主要材料名称、规格、型号					单位			数量	单价/元	合价/元	暂估单价/元	暂估合价/元
	YJV-5×16					m			45.76①	73.16	3 348.03		
	其他材料费												
	材料费小计										73.89		

① 按定额附录，电缆的损耗率为 1%。

表 2-35　综合单价分析表

工程名称：广联达办公大厦给电气照明安装工程　　　　第 30 页　共 76 页

项目编码	030408001004		项目名称	电力电缆				计量单位	m		清单工程量	60.68	
清单综合单价组成明细													
定额编号	定额名称	定额单位	数量	单价					合价				
				人工费	材料费	机械费	管理费	利润	人工费	材料费	机械费	管理费	利润
C2-12-144×1.3	电缆 10 mm² 以下	100 m	0.6 068	438.30	154.46	6.59	58.409	78.89	265.96	93.72	4.00	35.44	47.87
人工单价		小计							4.38	1.54	0.07	0.58	0.79
110 元/工日		未计价材料费							31.19				
清单项目综合单价									38.56				
材料费明细	主要材料名称、规格、型号						单位	数量	单价/元	合价/元	暂估单价/元	暂估合价/元	
	YJV-5×6						m	61.29	30.88	1 892.54			
	其他材料费												
	材料费小计									31.19			

表 2-36　综合单价分析表

工程名称：广联达办公大厦给电气照明安装工程　　　　第 31 页　共 76 页

项目编码	030408001005		项目名称	电力电缆				计量单位	m		清单工程量	21.53	
清单综合单价组成明细													
定额编号	定额名称	定额单位	数量	单价					合价				
				人工费	材料费	机械费	管理费	利润	人工费	材料费	机械费	管理费	利润
C2-12-144×1.3	电缆 10 mm² 以下	100 m	0.2 153	438.30	154.46	6.59	58.409	78.89	94.36	33.25	1.42	12.58	16.99
人工单价		小计							4.38	1.54	0.07	0.58	0.79
110 元/工日		未计价材料费							21.06				
清单项目综合单价									28.42				
材料费明细	主要材料名称、规格、型号						单位	数量	单价/元	合价/元	暂估单价/元	暂估合价/元	
	YJV-5×4						m	21.75	20.85	453.39			
	其他材料费												
	材料费小计									21.06			

表 2-37　综合单价分析表

工程名称：广联达办公大厦给电气照明安装工程　　　　　　　　　　第 32 页　共 76 页

项目编码	030408001006		项目名称		电力电缆			计量单位	m		清单工程量		15.8
清单综合单价组成明细													
定额编号	定额名称	定额单位	数量	单价					合价				
				人工费	材料费	机械费	管理费	利润	人工费	材料费	机械费	管理费	利润
C2-12-145 ×1.3	电缆 35 mm² 以下	100 m	0.158	796.22	222.92	13.18	106.09	143.32	125.80	35.22	2.08	16.76	22.64
人工单价		小计							7.96	2.23	0.13	1.06	1.43
110 元/工日		未计价材料费							111.06				
清单项目综合单价									123.88				
材料费明细	主要材料名称、规格、型号						单位		数量	单价/元	合价/元	暂估单价/元	暂估合价/元
	NYYJV-4×25+1×16						m		15.96	109.96	1 754.74		
	其他材料费												
	材料费小计										111.06		

表 2-38　综合单价分析表

工程名称：广联达办公大厦给电气照明安装工程　　　　　　　　　　第 33～36 页　共 76 页

项目编码	030408006001		项目名称		电力电缆头			计量单位	个		清单工程量		8
清单综合单价组成明细													
定额编号	定额名称	定额单位	数量	单价					合价				
				人工费	材料费	机械费	管理费	利润	人工费	材料费	机械费	管理费	利润
C2-12-170 ①	干包式电力电缆头 35 mm² 以下	个	8	56.98	68.87	0.00	7.59	10.26	455.84	550.94	0.00	60.72	82.05
人工单价		小计							56.98	68.87	0.00	7.59	10.26
110 元/工日		未计价材料费							0.00				
清单项目综合单价									143.69				
材料费明细	主要材料名称、规格、型号						单位		数量	单价/元	合价/元	暂估单价/元	暂估合价/元
	其他材料费												
	材料费小计										0.00		

① “计算规范”中电力电缆头的工作内容包括：制作、安装、接地。定额 C2-8-170 包括电缆头的制作、安装、接地，因此，只列一项定额，电缆头的制作安装没有主材费。

表 2-39　综合单价分析表

工程名称：广联达办公大厦给电气照明安装工程　　　　　　第 37 页　共 76 页

项目编码	030408003001		项目名称	电缆保护管				计量单位	m	清单工程量		24.32	
清单综合单价组成明细													
定额编号	定额名称	定额单位	数量	单价					合价				
				人工费	材料费	机械费	管理费	利润	人工费	材料费	机械费	管理费	利润
C2-12-48 ①	钢管 *DN*100	10 m	2.432	242.55	37.16	8.20	32.32	43.66	589.88	90.38	19.95	78.60	106.18
人工单价		小计							24.26	3.72	0.82	3.23	4.37
110 元/工日		未计价材料费							33.76				
清单项目综合单价									70.15				
材料费明细	主要材料名称、规格、型号							单位	数量	单价/元	合价/元	暂估单价/元	暂估合价/元
	钢管 *DN*100							m	25.05②	32.78	821.13		
	其他材料费												
	材料费小计										33.76		

表 2-40　综合单价分析表

工程名称：广联达办公大厦给电气照明安装工程　　　　　　第 38 页　共 76 页

项目编码	030411001001		项目名称	配管				计量单位	m	清单工程量		11	
清单综合单价组成明细													
定额编号	定额名称	定额单位	数量	单价					合价				
				人工费	材料费	机械费	管理费	利润	人工费	材料费	机械费	管理费	利润
C2-11-39 ③	镀锌钢管 *DN*50	100 m	0.11	1 210.00	394.90	10.44	162.4	217.80	133.10	43.44	1.15	17.86	23.96
人工单价		小计							12.10	3.95	0.10	1.62	2.18
110 元/工日		未计价材料费							21.78				
清单项目综合单价									41.74				
材料费明细	主要材料名称、规格、型号							单位	数量	单价/元	合价/元	暂估单价/元	暂估合价/元
	焊接钢管 *DN*50							m	11.33	21.15	239.63		
	其他材料费												
	材料费小计										21.78		

---

① “计算规范”中电缆保护管的工作内容包括：保护管附设。因此，只列一项定额。

② 定额附录中管材的损耗率为 3%，以此计算主材数量。

③ 电线管敷设工程内容包括：电线管路敷设、预留沟槽、接地。定额 C2-11-39 工作内容包括：测位、画线、锯管、套丝、煨弯、沟坑修缮、配管、接地、穿引线、补漆。因此，只列一项定额。

表 2-41　综合单价分析表

工程名称：广联达办公大厦给电气照明安装工程　　　　　　　　第 39 页　共 76 页

项目编码	030411001002		项目名称	配管				计量单位	m		清单工程量		8.8
清单综合单价组成明细													
定额编号	定额名称	定额单位	数量	单价					合价				
				人工费	材料费	机械费	管理费	利润	人工费	材料费	机械费	管理费	利润
C2-11-38	镀锌钢管 *DN*40	100 m	0.088	1 143.01	309.78	10.44	152.30	205.74	100.58	27.26	0.92	13.40	18.11
人工单价		小计							11.43	3.10	0.10	1.52	2.06
110 元/工日		未计价材料费							17.02				
清单项目综合单价									35.23				
材料费明细	主要材料名称、规格、型号					单位			数量	单价/元	合价/元	暂估单价/元	暂估合价/元
	焊接钢管 *DN*40					m			9.06	16.52	149.74		
	其他材料费												
	材料费小计										17.02		

表 2-42　综合单价分析表

工程名称：广联达办公大厦给电气照明安装工程　　　　　　　　第 40 页　共 76 页

项目编码	030411001003		项目名称	配管				计量单位	m		清单工程量		5.1
清单综合单价组成明细													
定额编号	定额名称	定额单位	数量	单价					合价				
				人工费	材料费	机械费	管理费	利润	人工费	材料费	机械费	管理费	利润
C2-11-37	镀锌钢管 *DN*32	100 m	0.051	712.58	257.54	4.82	94.95	128.26	36.34	13.13	0.25	4.84	6.54
人工单价		小计							7.13	2.58	0.05	0.95	1.28
110 元/工日		未计价材料费							13.18				
清单项目综合单价									25.17				
材料费明细	主要材料名称、规格、型号					单位			数量	单价/元	合价/元	暂估单价/元	暂估合价/元
	焊接钢管 *DN*32					m			5.25	12.8	67.24		
	其他材料费												
	材料费小计										13.18		

表 2-43　综合单价分析表

工程名称：广联达办公大厦给电气照明安装工程　　　　第 41 页　共 76 页

项目编码	030411001004		项目名称		配管				计量单位		m	清单工程量	7.42
清单综合单价组成明细													
定额编号	定额名称	定额单位	数量	单价					合价				
				人工费	材料费	机械费	管理费	利润	人工费	材料费	机械费	管理费	利润
C2-11-36	镀锌钢管 *DN*25	100 m	0.074 2	669.02	195.04	4.82	89.15	120.42	49.64	14.47	0.36	6.61	8.94
人工单价		小计							6.69	1.95	0.05	0.89	1.20
110 元/工日		未计价材料费							10.94				
清单项目综合单价									21.72				
材料费明细	主要材料名称、规格、型号						单位		数量	单价/元	合价/元	暂估单价/元	暂估合价/元
	焊接钢管 *DN*25						m		5.25	10.62	81.16		
	其他材料费												
	材料费小计										10.94		

表 2-44　综合单价分析表

工程名称：广联达办公大厦给电气照明安装工程　　　　第 42 页　共 76 页

项目编码	030411001005		项目名称		配管				计量单位		m	清单工程量	754.34
清单综合单价组成明细													
定额编号	定额名称	定额单位	数量	单价					合价				
				人工费	材料费	机械费	管理费	利润	人工费	材料费	机械费	管理费	利润
C2-11-35	镀锌钢管 *DN*20	100 m	7.543 4	552.31	148.56	0.00	73.59	99.42	4 166.30	1 120.65	0.00	555.12	749.93
人工单价		小计							5.52	1.49	0.00	0.74	0.99
110 元/工日		未计价材料费							7.52				
清单项目综合单价									16.26				
材料费明细	主要材料名称、规格、型号						单位		数量	单价/元	合价/元	暂估单价/元	暂估合价/元
	焊接钢管 *DN*20						m		776.76	7.3	5 671.88		
	其他材料费												
	材料费小计										7.52		

表 2-45　综合单价分析表

工程名称：广联达办公大厦给电气照明安装工程　　　　　　第 43 页　共 76 页

项目编码	030411001006		项目名称	配管				计量单位	m		清单工程量	7.3	
清单综合单价组成明细													
定额编号	定额名称	定额单位	数量	单价					合价				
				人工费	材料费	机械费	管理费	利润	人工费	材料费	机械费	管理费	利润
C2-11-34	镀锌钢管 *DN*15	100 m	0.073	517.44	110.02	0.00	68.95	93.14	37.77	8.03	0.00	5.03	6.80
人工单价		小计							5.17	1.10	0.00	0.69	0.93
110 元/工日		未计价材料费							5.97				
清单项目综合单价									13.87				
材料费明细	主要材料名称、规格、型号						单位		数量	单价/元	合价/元	暂估单价/元	暂估合价/元
	焊接钢管 *DN*15						m		7.52	5.80	43.61		
	其他材料费												
	材料费小计										5.97		

表 4-46　综合单价分析表

工程名称：广联达办公大厦给电气照明安装工程　　　　　　第 44 页　共 76 页

项目编码	030411001007		项目名称	配管				计量单位	m		清单工程量	5.4	
清单综合单价组成明细													
定额编号	定额名称	定额单位	数量	单价					合价				
				人工费	材料费	机械费	管理费	利润	人工费	材料费	机械费	管理费	利润
C2-11-3①	镀锌电线管 *DN*25	100 m	0.054	996.60	309.18	6.27	132.80	179.39	53.82	16.70	0.34	7.17	9.69
人工单价		小计							9.97	3.09	0.06	1.33	1.79
110 元/工日		未计价材料费							10.55				
清单项目综合单价									26.79				
材料费明细	主要材料名称、规格、型号						单位		数量	单价/元	合价/元	暂估单价/元	暂估合价/元
	JDG25						m		5.56	10.24	56.95		
	其他材料费												
	材料费小计										10.55		

① 钢管(JDG)是一种薄壁镀锌钢管，即电线管。

表 2-47　综合单价分析表

工程名称：广联达办公大厦给电气照明安装工程　　　　　　　　　第 45 页　共 76 页

项目编码	030411001008	项目名称	配管	计量单位	m	清单工程量	48

清单综合单价组成明细													
定额编号	定额名称	定额单位	数量	单价					合价				
				人工费	材料费	机械费	管理费	利润	人工费	材料费	机械费	管理费	利润
C2-11-2	镀锌电线管 *DN*20	100 m	0.48	960.96	348.80	0.00	128.05	172.97	461.26	167.43	0.00	61.46	83.03
人工单价		小计							9.61	3.49	0.00	1.28	1.73
110 元/工日		未计价材料费							8.28				
清单项目综合单价									24.39				

材料费明细	主要材料名称、规格、型号	单位	数量	单价/元	合价/元	暂估单价/元	暂估合价/元
	JDG20	m	49.44	8.04	397.50		
	其他材料费						
	材料费小计				8.28		

表 2-48　综合单价分析表

工程名称：广联达办公大厦给电气照明安装工程　　　　　　　　　第 46 页　共 76 页

项目编码	030411001009	项目名称	配管	计量单位	m	清单工程量	44.8

清单综合单价组成明细													
定额编号	定额名称	定额单位	数量	单价					合价				
				人工费	材料费	机械费	管理费	利润	人工费	材料费	机械费	管理费	利润
C2-11-1	镀锌电线管 *DN*16	100 m	0.448	932.14	307.73	0.00	124.21	167.79	417.60	137.86	0.00	55.65	75.17
人工单价		小计							9.32	3.08	0.00	1.24	1.68
110 元/工日		未计价材料费							6.43				
清单项目综合单价									21.75				

材料费明细	主要材料名称、规格、型号	单位	数量	单价/元	合价/元	暂估单价/元	暂估合价/元
	JDG16	m	46.14	6.24	287.94		
	其他材料费						
	材料费小计				6.43		

表 2-49　综合单价分析表

工程名称：广联达办公大厦给电气照明安装工程　　　　第 47 页　共 76 页

项目编码	030411001010	项目名称	配管			计量单位	m		清单工程量	1 062.06			
清单综合单价组成明细													
定额编号	定额名称	定额单位	数量	单价					合价				
				人工费	材料费	机械费	管理费	利润	人工费	材料费	机械费	管理费	利润
C2-11-134[1]	刚性阻燃PC25	100 m	10.620 6	686.51	30.56	0.00	91.48	123.57	7 291.15	342.57	0.00	971.57	1 312.41
人工单价		小计							6.87	0.31	0.00	0.91	1.24
110 元/工日		未计价材料费							2.61				
清单项目综合单价									11.93				
材料费明细	主要材料名称、规格、型号					单位			数量	单价/元	合价/元	暂估单价/元	暂估合价/元
	PC25					m			1 093.92	6.24	6 826.07		
	其他材料费												
	材料费小计										2.61		

表 2-50　综合单价分析表

工程名称：广联达办公大厦给电气照明安装工程　　　　第 48 页　共 76 页

项目编码	030411001011	项目名称	配管			计量单位	m		清单工程量	1 604.53			
清单综合单价组成明细													
定额编号	定额名称	定额单位	数量	单价					合价				
				人工费	材料费	机械费	管理费	利润	人工费	材料费	机械费	管理费	利润
C2-11-133	刚性阻燃PC20	100 m	16.045 3	642.95	27.07	0.00	85.67	115.73	10 316.33	434.38	0.00	1 374.60	1 856.94
人工单价		小计							6.43	0.27	0.00	0.86	1.16
110 元/工日		未计价材料费							1.89				
清单项目综合单价									10.61				
材料费明细	主要材料名称、规格、型号					单位			数量	单价/元	合价/元	暂估单价/元	暂估合价/元
	PC20					m			1 764.98	1.72	3 035.77		
	其他材料费												
	材料费小计										1.89		

① PC 管套用刚性阻燃管定额。

表 2-51　综合单价分析表

工程名称：广联达办公大厦给电气照明安装工程　　　　第 49 页　共 76 页

项目编码	030411003001	项目名称	桥架						计量单位	m		清单工程量	13.83
清单综合单价组成明细													
定额编号	定额名称	定额单位	数量	单价					合价				
				人工费	材料费	机械费	管理费	利润	人工费	材料费	机械费	管理费	利润
C2-12-65 ①	钢制槽式桥架 400 以下	10 m	1.383	277.09	37.48	11.67	36.92	49.88	383.22	51.83	16.15	51.06	68.98
人工单价		小计							27.71	3.75	1.17	3.69	4.99
110 元/工日		未计价材料费							152.25				
清单项目综合单价									193.55				
材料费明细	主要材料名称、规格、型号						单位		数量	单价/元	合价/元	暂估单价/元	暂估合价/元
	钢制槽式桥架 300×100						m		14.52	145.00	2 105.62		
	其他材料费												
	材料费小计										152.25		

表 2-52　综合单价分析表

工程名称：广联达办公大厦给电气照明安装工程　　　　第 50 页　共 76 页

项目编码	030411003002	项目名称	桥架						计量单位	m		清单工程量	209.18
清单综合单价组成明细													
定额编号	定额名称	定额单位	数量	单价					合价				
				人工费	材料费	机械费	管理费	利润	人工费	材料费	机械费	管理费	利润
C2-12-65	钢制槽式桥架 400 以下	10 m	20.918	277.09	37.48	11.67	36.92	49.88	5 796.17	783.92	244.20	772.29	1.043.31
人工单价		小计							27.71	3.75	1.17	3.69	4.99
110 元/工日		未计价材料费							122.85				
清单项目综合单价									164.15				
材料费明细	主要材料名称、规格、型号						单位		数量	单价/元	合价/元	暂估单价/元	暂估合价/元
	钢制槽式桥架 200×100						m		219.64	117.00	25 697.76		
	其他材料费												
	材料费小计										122.85		

① "计算规范"中桥架的工作内容包括：本体安装，接地。定额 C2-12-65 包括的工作内容包括：组对、焊接或螺栓固定、弯头、三通或四通、盖板、隔板、附件安装、接地跨接。因此，只列一项定额即可。

表 5-53　综合单价分析表

工程名称：广联达办公大厦给电气照明安装工程　　　　第 51 页　共 76 页

项目编码	030411003003		项目名称		桥架				计量单位	m		清单工程量	69.55
清单综合单价组成明细													
定额编号	定额名称	定额单位	数量	单价					合价				
				人工费	材料费	机械费	管理费	利润	人工费	材料费	机械费	管理费	利润
C2-12-04	钢制槽式桥架 150 以下	10 m	6.955	166.43	36.12	5.76	22.18	29.96	1 157.52	251.21	40.05	154.26	208.35
人工单价		小计							16.64	3.61	0.58	2.22	3.00
110 元/工日		未计价材料费							58.80				
清单项目综合单价									84.84				
材料费明细	主要材料名称、规格、型号						单位		数量	单价/元	合价/元	暂估单价/元	暂估合价/元
	钢制槽式桥架 100×50						m		73.03	56.00	4 089.54		
	其他材料费												
	材料费小计										58.80		

表 5-54　综合单价分析表

工程名称：广联达办公大厦给电气照明安装工程　　　　第 52 页　共 76 页

项目编码	030411004001		项目名称		配线				计量单位	m		清单工程量	261.42
清单综合单价组成明细													
定额编号	定额名称	定额单位	数量	单价					合价				
				人工费	材料费	机械费	管理费	利润	人工费	材料费	机械费	管理费	利润
C2-11-297 ①	线槽配线 2.5 内	100 m	2.614 2	83.60	7.99	0.00	11.14	15.05	218.55	20.89	0.00	29.12	39.34
人工单价		小计							0.84	0.08	0.00	0.11	0.15
110 元/工日		未计价材料费							2.22				
清单项目综合单价									3.39				
材料费明细	主要材料名称、规格、型号						单位		数量	单价/元	合价/元	暂估单价/元	暂估合价/元
	NHBV-2.5						m		274.49	2.11	579.18		
	其他材料费												
	材料费小计										2.22		

① “计算规范”中线槽配线工作内容包括：配线。因此，只列一项配线定额即可。

表 2-55　综合单价分析表

工程名称：广联达办公大厦给电气照明安装工程　　　　第 53 页　共 76 页

项目编码	030411004002	项目名称		配线			计量单位		m	清单工程量		2 278.02	
清单综合单价组成明细													
定额编号	定额名称	定额单位	数量	单价					合价				
				人工费	材料费	机械费	管理费	利润	人工费	材料费	机械费	管理费	利润
C2-11-203 ①	管内穿线 2.5mm² 内	100 m	22.780 2	82.72	23.36	0.00	11.02	14.89	1 884.38	532.24	0.00	251.04	339.19
人工单价		小计							0.83	0.23	0.00	0.11	0.15
110 元/工日		未计价材料费							2.45				
清单项目综合单价									3.77				
材料费明细	主要材料名称、规格、型号						单位		数量	单价/元	合价/元	暂估单价/元	暂估合价/元
	NHBV-2.5 mm²						m		2 642.50	2.11	5 575.68		
	其他材料费												
	材料费小计										2.45		

表 2-56　综合单价分析表

工程名称：广联达办公大厦给电气照明安装工程　　　　第 54 页　共 76 页

项目编码	030412001001	项目名称		普通灯具			计量单位		套	清单工程量		73	
清单综合单价组成明细													
定额编号	定额名称	定额单位	数量	单价					合价				
				人工费	材料费	机械费	管理费	利润	人工费	材料费	机械费	管理费	利润
C2-12-3 ②	半圆球吸顶灯	10 套	7.3	178.64	41.23	0.00	23.80	32.16	1 304.07	300.99	0.00	173.74	234.73
人工单价		小计							17.86	4.12	0.00	2.38	3.22
110 元/工日		未计价材料费							30.30				
清单项目综合单价									57.88				
材料费明细	主要材料名称、规格、型号						单位		数量	单价/元	合价/元	暂估单价/元	暂估合价/元
	墙上座灯						套		73.73	30.00	2 211.90		
	其他材料费												
	材料费小计										30.30		

① 管内穿线和线槽配线定额不同，应该分开列清单，分别计算综合单价。BV 线为铜芯电线。

② 普通灯具规范工作内容只有本体安装一项，因此，灯具安装基本都是一项定额。

表 2-57　综合单价分析表

工程名称：广联达办公大厦给电气照明安装工程　　　　第 55 页　共 76 页

项目编码	030412001002		项目名称		普通灯具			计量单位		套	清单工程量		10
清单综合单价组成明细													
定额编号	定额名称	定额单位	数量	单价					合价				
				人工费	材料费	机械费	管理费	利润	人工费	材料费	机械费	管理费	
C2-12-14	坐灯头	10 套	1	101.09	19.50	0.00	13.47	18.20	101.09	19.50	0.00	13.47	18.20
人工单价		小计							10.11	1.95	0.00	1.35	1.82
110 元/工日		未计价材料费							15.15				
清单项目综合单价									30.38				

材料费明细	主要材料名称、规格、型号	单位	数量	单价/元	合价/元	暂估单价/元	暂估合价/元
	墙上座灯	套	10.10	15.00	151.50		
	其他材料费						
	材料费小计				15.15		

表 2-58　综合单价分析表

工程名称：广联达办公大厦给电气照明安装工程　　　　第 56 页　共 76 页

项目编码	030412001003		项目名称		普通灯具			计量单位		套	清单工程量		35
清单综合单价组成明细													
定额编号	定额名称	定额单位	数量	单价					合价				
				人工费	材料费	机械费	管理费	利润	人工费	材料费	机械费	管理费	利润
C2-12-12①	一般壁灯	10 套	3.5	167.31	30.84	0.00	22.29	30.12	585.59	107.94	0.00	78.02	105.41
人工单价		小计							16.73	3.08	0.00	2.23	3.01
110 元/工日		未计价材料费							55.55				
清单项目综合单价									80.61				

材料费明细	主要材料名称、规格、型号	单位	数量	单价/元	合价/元	暂估单价/元	暂估合价/元
	壁灯	套	35.35	55.00	1 944.25		
	其他材料费						
	材料费小计				55.55		

① 安全出口指示灯、单向疏散指示灯、双向疏散指示灯同样适用壁灯安装定额。

表 2-59　综合单价分析表

工程名称：广联达办公大厦给电气照明安装工程　　　　第 57 页　共 76 页

项目编码	030412002001		项目名称	工厂灯				计量单位	套		清单工程量	24
清单综合单价组成明细												
定额编号	定额名称	定额单位	数量	单价					合价			
				人工费	材料费	机械费	管理费	利润	人工费	材料费	机械费	管理费	利润
C2-12-228	吸顶式防水防尘灯	10套	2.4	244.86	43.51	0.00	32.63	44.07	587.66	104.43	0.00	78.31	105.78
人工单价		小计							24.49	4.35	0.00	3.26	4.41
110元/工日		未计价材料费							40.40				
清单项目综合单价									76.91				
材料费明细	主要材料名称、规格、型号					单位			数量	单价/元	合价/元	暂估单价/元	暂估合价/元
	吸顶式防水防尘灯					套			24.24	40.00	969.60		
	其他材料费												
	材料费小计										40.40		

表 2-60　综合单价分析表

工程名称：广联达办公大厦给电气照明安装工程　　　　第 58 页　共 76 页

项目编码	030412005001		项目名称	荧光灯				计量单位	套		清单工程量	42
清单综合单价组成明细												
定额编号	定额名称	定额单位	数量	单价					合价			
				人工费	材料费	机械费	管理费	利润	人工费	材料费	机械费	管理费	利润
C2-12-206[①]	吊链式单管	10套	4.2	179.52	229.69	0.00	23.92	32.31	753.98	964.71	0.00	100.46	135.72
人工单价		小计							17.95	22.97	0.00	2.39	3.23
110元/工日		未计价材料费							30.30				
清单项目综合单价									76.84				
材料费明细	主要材料名称、规格、型号					单位			数量	单价/元	合价/元	暂估单价/元	暂估合价/元
	吊链式单管荧光灯					套			42.42	30.00	1 272.60		
	其他材料费												
	材料费小计										30.30		

① 荧光灯使用的是成套型荧光灯定额。

表 2-61　综合单价分析表

工程名称：广联达办公大厦给电气照明安装工程　　　　第 59 页　共 76 页

项目编码	030412005002		项目名称	荧光灯			计量单位	套		清单工程量	214	
清单综合单价组成明细												
定额编号	定额名称	定额单位	数量	单价					合价			
				人工费	材料费	机械费	管理费	利润	人工费	材料费	机械费	管理费	利润
C2-12-207	吊链式双管	10 套	21.4	225.61	229.69	0.00	30.06	40.61	4 828.05	4 915.41	0.00	643.28	869.05
人工单价		小计							22.56	22.97	0.00	3.01	4.06
110 元/工日		未计价材料费							45.45				
清单项目综合单价									98.05				
材料费明细	主要材料名称、规格、型号					单位	数量	单价/元	合价/元	暂估单价/元	暂估合价/元	
	吊链式双管荧光灯					套	216.14	45.00	9 726.30			
	其他材料费											
	材料费小计								45.45			

表 2-62　综合单价分析表

工程名称：广联达办公大厦给电气照明安装工程　　　　第 60 页　共 76 页

项目编码	030411006001		项目名称	接线盒			计量单位	个		清单工程量	8		
清单综合单价组成明细													
定额编号	定额名称	定额单位	数量	单价					合价				
				人工费	材料费	机械费	管理费	利润	人工费	材料费	机械费	管理费	利润
C2-11-374	接线盒	10 个	0.8	37.51	16.08	0.00	5.00	6.75	30.01	12.86	0.00	4.00	5.40
人工单价		小计							3.75	1.61	0.00	0.50	0.68
110 元/工日		未计价材料费							2.14				
清单项目综合单价									8.68				
材料费明细	主要材料名称、规格、型号					单位	数量	单价/元	合价/元	暂估单价/元	暂估合价/元		
	排风扇接线盒					个	8.16	2.10	17.14				
	其他材料费												
	材料费小计								2.14				

表 2-63　综合单价分析表

工程名称：广联达办公大厦给电气照明安装工程　　　　　　　　　　第 61 页　共 76 页

项目编码	030411006002	项目名称	接线盒				计量单位	个		清单工程量		427	
清单综合单价组成明细													
定额编号	定额名称	定额单位	数量	单价					合价				
				人工费	材料费	机械费	管理费	利润	人工费	材料费	机械费	管理费	利润
C2-11-374	接线盒	10 个	42.7	37.51	16.08	0.00	5.00	6.75	1 601.68	686.62	0.00	213.50	288.30
人工单价		小计							3.75	1.61	0.00	0.50	0.68
110 元/工日		未计价材料费							1.89				
清单项目综合单价									8.42				
材料费明细	主要材料名称、规格、型号					单位			数量	单价/元	合价/元	暂估单价/元	暂估合价/元
	灯盒					个			435.54	1.85	805.75		
	其他材料费												
	材料费小计										1.89		

表 2-64　综合单价分析表

工程名称：广联达办公大厦给电气照明安装工程　　　　　　　　　　第 62 页　共 76 页

项目编码	030411006003	项目名称	接线盒				计量单位	个		清单工程量		305	
清单综合单价组成明细													
定额编号	定额名称	定额单位	数量	单价					合价				
				人工费	材料费	机械费	管理费	利润	人工费	材料费	机械费	管理费	利润
C2-11-373	接线盒	10 个	30.5	40.04	6.18	0.00	5.33	7.21	1 221.22	188.49	0.00	162.57	219.82
人工单价		小计							4.00	0.62	0.00	0.53	0.72
110 元/工日		未计价材料费							1.89				
清单项目综合单价									7.76				
材料费明细	主要材料名称、规格、型号					单位			数量	单价/元	合价/元	暂估单价/元	暂估合价/元
	开关、插座接线盒					个			311.10	1.85	575.54		
	其他材料费												
	材料费小计										1.89		

表 2-65　综合单价分析表

工程名称：广联达办公大厦给电气照明安装工程　　　　　　　　　　　　　　　　第 63 页　共 76 页

项目编码	030414002001	项目名称	送配电装置系统					计量单位	系统	清单工程量	1		
清单综合单价组成明细													
定额编号	定额名称	定额单位	数量	单价					合价				
				人工费	材料费	机械费	管理费	利润	人工费	材料费	机械费	管理费	利润
C2-14-12①	1 kV 以下交流供电	系统	1	815.76	6.68	224.50	108.70	146.84	815.76	6.68	224.50	108.70	146.84
人工单价		小计							815.76	6.68	224.50	108.70	146.84
110 元/工日		未计价材料费							0.00				
清单项目综合单价									1 302.48				

材料费明细	主要材料名称、规格、型号	单位	数量	单价/元	合价/元	暂估单价/元	暂估合价/元
	其他材料费						
	材料费小计						

表 2-66　综合单价分析表

工程名称：广联达办公大厦给电气照明安装工程　　　　　　　　　　　　　　　　第 64 页　共 76 页

项目编码	030414011001	项目名称	接地装置					计量单位	系统	清单工程量	1		
清单综合单价组成明细													
定额编号	定额名称	定额单位	数量	单价					合价				
				人工费	材料费	机械费	管理费	利润	人工费	材料费	机械费	管理费	利润
C2-14-43	1 kV 以下接地调试	系统	1	479.71	4.02	176.70	63.92	86.35	479.71	4.02	176.70	63.92	86.35
人工单价		小计							479.71	4.02	176.70	63.92	86.35
110 元/工日		未计价材料费							0.00				
清单项目综合单价									810.69				

材料费明细	主要材料名称、规格、型号	单位	数量	单价/元	合价/元	暂估单价/元	暂估合价/元
	其他材料费						
	材料费小计						

① 照明用电使用的 220 V 电压，使用 1 kV 以下调试定额，系统调试费无主材，其他人、材、机计算方法相同。

其他项目的综合单价分析略。

表 2-67 总价措施项目清单与计价表①

工程名称：广联达办公大厦电气照明安装工程　　　　第　页　共　页

序号	项目编码	项目名称	计算基础	费率/%	金额/元	调整费率/%	调整后金额/元	备注
1	031302001001	安全文明施工费	分部分项人工费	26.57	17 873.04			
2	031302007001	夜间施工费	分部分项人工费	0	0			
3	031301017001	二次搬运费	分部分项人工费	0	0			
4	031302005001	冬雨期施工增加费	分部分项人工费	0	0			
5	031302006001	已完工程及设备保护	分部分项人工费	0	0			
6	粤 0313009001	文明工地增加费	分部分项人工费	0	0			
合　计					17 873.04			
注：本表适用于以“项”计价的措施项目。								

表 2-68 其他项目清单与计价汇总表

工程名称：广联达办公大厦电气照明安装工程

序号	项目名称	金额/元	结算金额/元	备注
1	暂列金额②	25 000.00		明细详见表 2-16
2	暂估价③	0		
2.1	材料暂估价	0	—	
2.2	专业工程暂估价	0		
3	计日工④	3 252.00		明细详见表 2-71
4	总承包服务费	0		
5	索赔与现场签证	0		
合　计		28 252.00		
材料暂估单价进入清单项目综合单价，此处不汇总。				

① 措施项目清单的编制应考虑多种因数，编制时力求全面。除工程本身因数外，还涉及水文、气象、环境、安全和施工企业的实际情况等所需的措施项目。

② 暂列金额：招标人在工程量清单中暂定并包括在合同价款中的一笔款项。它用于施工合同签订时尚未确定或者不可预见的所需材料、设备、服务的采购，施工中可能发生的工程变更、合同约定调整因素出现时的工程价款调整以及发生的索赔、现场签证确认等的费用。暂列金额由招标人根据工程特点，按有关计价规定进行估算确定，一般可以分部分项工程量清单费的10%～15%作为参考。本项目在前面总说明里已经说明暂列金额为 1 万元。

③ 暂估价：暂估价是指招标阶段直至签订合同协议时，招标人在招标文件中提供的用于支付必然要发生但暂时不能确定价格的材料，以及需另行发包的专业工程所需的费用。

④ 计日工俗称“点工”，在施工过程中，完成发包人提出的工程合同范围以外的零星项目或工作，按合同中约定的综合单价计价。发生就列计日工表，不发生就不列。

表 2-69　计日工表①

工程名称：广联达办公大厦电气照明安装工程　　　　　第　页　共　页

编号	项目名称	单位	暂定数量	实际数量	综合单价/元	合价/元	
						暂定	实际
一	人　工						
1	电工	工日	12		150	1 800	
2	搬运工	工日	5		100	500	
3							
人工小计						2 300	
二	材　料						
1	BV-2.5 mm^2	m	500		1.56	780	
2	PC20	m	100		1.72	172	
3							
材　料　小　计						952	
三	施工机械						
1							
施工机械小计						0	
四、企业管理费和利润							
合　计						3 252.00	
注：此表项目名称、数量由招标人填写，编制招标控制价时，单价由招标人按有关计价规定确定；投标时，单价由投标人自助报价，计入投标总价中。							

表 2-70　规费、税金项目清单与计价表

工程名称：广联达办公大厦电气照明安装工程　　　　　第 1 页　共 1 页

序号	项目名称	计算基础	计算基数	费率/%	金额/元
1	规费				6 888.48
1.1	工程排污费	分部分项工程费＋措施项目费＋其他项目费	309 693.38	0.10	309.69
1.2	社会保障费	综合工日合计＋技术措施项目综合工日合计	67 267.76	7.48	5 031.63
1.3	住房公积金	综合工日合计＋技术措施项目综合工日合计	67 267.76	1.70	1 143.55
1.4	危险作业意外伤害保险	综合工日合计＋技术措施项目综合工日合计	67 267.76	0.60	403.61
2	税金(含防洪工程维护费)	分部分项工程费＋措施项目费＋其他项目费＋规费	316 581.86	3.527	11 165.84
合　计					18 054.32

① 此表列出工程合同范围以外需要施工单位提供的人工、材料、机械数量，供施工单位报价。

表 2-71　承包人提供主要材料和工程设备一览表

工程名称：广联达办公大厦给电气照明安装工程

序号	名称、规格、型号	单位	数量	风险系数/%	基准单价/元	投标单价/元	单价/元	备注
1	AA1	台	1			1 600		
2	AA2	台	1			1 600		
3	ALD1	台	1			1 200		
4	AL1	台	1			1 200		
5	AL2	台	1			1 200		
6	AL3	台	1			1 200		
7	AL4	台	1			1 200		
8	AL1－1	台	1			800		
9	AL2－1	台	1			800		
10	AL3－1	台	1			800		
11	AL3－2	台	1			800		
12	AL4-1	台	1			800		
13	AL4-2	台	1			800		
14	AL4-3	台	1			800		
15	WD-DT	台	1			600		
16	AP-RD	台	1			600		
17	QSB-AC	台	1			600		
18	AC-PY-BF1	台	1			600		
19	AC-SF-BF1	台	1			600		
20	单极开关	个	55			10.8		
21	双极开关	个	13			12.8		
22	三极开关	个	44			16.8		
23	单相二三极插座	个	150			14.6		
24	防水插座	个	8			21.6		
25	单相三极插座 20 A	个	11			18.6		
26	单相三极插座 16 A	个	28			16.6		
27	YJV-4×35＋1×16	m	114.31			119.6		
28	YJV-4×25＋1×16	m	65.83			91.41		
29	YJV-5×16	m	45.31			73.16		
30	YJV-5×6	m	66.89			30.88		
31	YJV-5×4	m	21.53			20.85		
32	NYYJV-4×25＋1×16	m	15.80			109.69		
33	RC100	m	24.32			32.78		
34	SC50	m	11.00			21.15		

续表

序号	名称、规格、型号	单位	数量	风险系数/%	基准单价/元	投标单价/元	单价/元	备注
35	SC40	m	8.80			16.54		
36	SC32	m	5.10			12.8		
37	SC25	m	7.42			10.62		
38	SC20	m	754.34			7.31		
39	SC15	m	7.30			5.8		
40	JDG25	m	5.40			10.24		
41	JDG20	m	48.00			8.04		
42	JDG16	m	44.80			6.24		
43	PC25	m	1 062.06			2.37		
44	PC20	m	1 604.53			1.72		
45	SR300×100	m	13.83			145		
46	SR200×10	m	209.18			117		
47	SR100×50	m	69.55			56		
48	NHBV-2.5(线槽)	m	261.42			2.11		
49	NHBV-2.5(穿管)	m	2 278.02			2.11		
50	NHBV—4(穿管)	m	30.86			3.44		
51	ZRBV—2.5(穿管)	m	148.80			1.64		
52	BV-2.5(线槽)	m	1 828.47			1.56		
53	BV-2.5(穿管)	m	5 232.67			1.56		
54	BV-4(线槽)	m	2 456.73			2.55		
55	BV-4(穿管)	m	3 281.28			2.55		
56	BV-10(线槽)	m	448.98			6.96		
57	BV-10(穿管)	m	26.00			6.96		
58	BV-16(线槽)	m	200.10			10.8		
59	吸顶灯	套	73			30		
60	灯头座	套	10			15		
61	壁灯	套	35			55		
62	防水防尘灯	套	24			40		
63	安全出口指示灯	套	12			100		
64	单向疏散指示灯	套	11			155		
65	双向疏散指示灯	套	3			175		
66	单管荧光灯	套	42			30		
67	双管荧光灯	套	214			45		
68	排风扇接线盒	个	8			2.1		
69	灯头盒	个	427			1.85		
70	开关、插座盒	个	305			1.85		

总　结

通过电气照明专业案例工程实训，学生学会工程量计算、清单编制、控制价编制，懂得要完成一份好的预算，主要应具备以下能力：

(1)会看图纸，了解施工中一般工艺要求，熟悉清单、定额的工程量计算规则，工程量计算精准。

(2)清单编制项目清晰准确，项目特征描述具体全面。

(3)熟悉定额，用对相应的定额项目，能够了解市场价格信息，不忽视未计价材料的计算。

(4)工程量清单是工程量清单计价的基础，工程量清单应由分部分项工程量清单、措施项目清单、其他项目清单、规费项目清单、税金项目清单组成，缺一不可。

(5)从事造价工作的要求是细致、认真。

附　录

建筑给水排水(电气照明)工程计量与计价编制任务书

一、实训目的

通过本次实训，学生应熟练掌握给水排水(电气照明)工程的工程量计算规则，掌握工程量清单的编制方法、招标控制价的编制方法。

二、实训任务和目标

实训任务为“广联达办公大厦”给水排水(电气照明)工程的计量与计价。为了计价方便，设定该工程的施工地点为广州市，建筑物用地概貌属于平缓场地，本建筑为二类多层办公建筑，总建筑面积为 4 745.6 m^2。实训工作任务要求：

(1)手工计算“广联达办公大厦”给水排水(电气照明)工程工程量；

(2)根据《通用安装工程工程量清单计算规范》(GB 50856—2013)编制给水排水(电气照明)工程的工程量清单；

(3)按照工程量清单、《广东省安装工程综合定额(2010)》编制招标控制价。

三、实训内容和学时分配

实训内容和学时分配见附表 1。

附表 1　实训内容与学时分配

序号	实训项目名称	实训内容	实训学时	实训场地及配套设备	备注
1	手工工程量计算	根据工程图纸手算室内给水排水(电气照明)部分的工程量	10	多媒体教室	一周实训一天，按 6 学时计算
2	工程量清单编制	根据工程量计算表完成给水排水(电气照明)工程的工程量清单编制	4		
3	招标控制价编制	根据编制的工程量清单完成给水排水(电气照明)工程的招标控制价编制	12		
4	实训总结	分析自己一周实训的收获	4		
汇总			30		

四、实训考核

根据每个人的课堂表现、任务进度、考勤、实训报告填写等进行综合评定(附表2)，分为优秀、良好、中等、及格、不及格五个等级。有下列情况之一者不能参加实训成绩评定，即总评成绩为不及格：

(1)有抄袭现象者。

(2)缺勤次数超过1/3考勤次数者。

(3)考核成绩太差或上交成果质量太差者。

附表2　实训成绩考核评定标准

考核方式	评定内容	评分标准	得　分
实训过程	课堂表现	5	
	读图能力	10	
	回答问题	5	
	任务进度	10	
	独立完成	10	
教师评定	考勤	10	
	工程量计算表达式	15	
	工程量清单的编制	15	
	提交成果的质量	10	
	实训报告填写情况	10	

五、编制工程量清单所需填写的表格

(1)清单封面；

(2)填表须知；

(3)总说明；

(4)分部分项工程量清单与计价表；

(5)总价措施项目清单与计价表；

(6)其他项目清单与计价汇总表；

(7)计日工表；

(8)规费、税金项目清单与计价表；

(9)承包人提供主要材料和工程设备一览表。

六、工程量清单计价表格

(1)计价表封面；

(2)招标控制价；

(3)总说明；

(4)单位工程招标控制价汇总表；

(5)分部分项工程量清单与计价表；

(6)综合单价分析表；

(7)总价措施项目清单与计价表；
(8)其他项目清单与计价汇总表；
(9)计日工表；
(10)规费、税金项目清单及计价表；
(11)承包人提供主要材料和工程设备一览表。

参考文献

[1] 中华人民共和住房和城乡建设部 . GB 50856—2013 通用安装工程工程量计算规范[S]. 北京：中国计划出版社，2012.

[2] 中华人民共和住房和城乡建设部 . GB 50500—2013 建设工程工程量清单计价规范[S]. 北京：中国计划出版社，2012.

[3] 广东省住房和城乡建设厅 . 广东省安装工程综合定额(2010)[M]. 北京：中国计划出版社，2010.

[4] 广东省住房和城乡建设厅 . 广东省建设工程计价通则(2010)[M]. 北京：中国计划出版社，2010.

[5] 王全杰，宋芳，黄丽华 . 安装工程计量与计价实训教程[M]. 北京：化学工业出版社，2014.

[6] 王全杰，韩红霞，李元希 . 办公大厦安装施工图[M]. 北京：化学工业出版社，2014.

[7] 建设工程计量与计价应用于案例(安装工程)[M]. 北京：中国城市出版社，2015.